2022年主题出版重点出版物

人类文明新形态研究丛书

颜晓峰　杨 群 ◎ 主编

人与自然和谐共生的生态文明

戴圣鹏 ◎ 著

社会科学文献出版社
SOCIAL SCIENCES ACADEMIC PRESS (CHINA)

“人类文明新形态研究丛书”
编委会

总　序

习近平总书记在庆祝中国共产党成立100周年大会上的重要讲话中指出："我们坚持和发展中国特色社会主义，推动物质文明、政治文明、精神文明、社会文明、生态文明协调发展，创造了中国式现代化新道路，创造了人类文明新形态。"党的十九届六中全会指出："党领导人民成功走出中国式现代化道路，创造了人类文明新形态。"创造人类文明新形态，不仅从人类发展道路新开拓和人类文明新创造的高度，对中国特色社会主义理论成就和实践意义做出了最新概括，拓展了研究中国共产党、中国特色社会主义与人类文明新形态的理论空间，而且为中国特色社会主义进一步发展指明了前进方向，是中国共产党的重大理论创新。

创造人类文明新形态是马克思主义中国化的重大课题。习近平总书记在庆祝中国共产党成立100周年大会上的重要讲话中指出："中国共产党为什么能，中国特色社会主义为什么好，归根到底是因为马克思主义行！"马克思主义之所以行，就在于党不断推进马克思主义中国化、时代化并用以指导实践。党的百年是不断推进马克思主义中国化的百年，也是成功开辟中华民族伟大复兴正确道路，实现中华文明从传统到现代、从封闭到开放、从蒙尘到复兴伟大转变的百年。党在百年奋斗中的每一个伟大成就、每一次伟大飞跃，都是实现和推进中华民族伟大复兴的重大进步，也都是创造人类文明新形态的重大进展。

创造人类文明新形态是马克思主义中国化在新时代实现新飞跃的重大成果。以习近平同志为主要代表的中国共产党人，坚持把马克思主义基本原理同中国具体实际相结合、同中华优秀传统文化相结合，发展出当代中国马克思主义、21 世纪马克思主义，孕育出中华文化和中国精神的时代精华，创立了习近平新时代中国特色社会主义思想，实现了马克思主义中国化新的飞跃。创造人类文明新形态，正是继续深入探索这一思想并取得新的重大成果的时代课题，已经成为实现马克思主义中国化新的飞跃的重要内容。这表现在中国式现代化道路是人类文明新形态的基石，“人民至上”反映了人类文明新形态的根本性质，“四个自信”表征了人类文明新形态的显著优势，物质文明、政治文明、精神文明、社会文明、生态文明共同支撑起人类文明新形态的内在结构，人类命运共同体彰显了人类文明新形态的天下胸怀等方面。

创造人类文明新形态为发展 21 世纪马克思主义、复兴科学社会主义做出了重大贡献。中国共产党领导人民创造的人类文明新形态，不仅是中国的文明新形态，更是人类的文明新形态，具有深刻的世界历史意义。具体来看，人类文明新形态摒弃了西方的现代化老路，从时代坐标上保证了人类文明形态之新，其制度优势和制度密码从制度基础上保证了人类文明形态之新，其整体推进从全面性上保证了人类文明形态之新；中国创造人类文明新形态的成效和经验，以其参与建设和享用文明的人口最多、文明实践覆盖面最广、国际影响力最大，在当今世界社会主义国家的文明实践中站在高处、走在前列、成为示范；中国式现代化所创造的现代化文明，对人类现代化文明做出了重大贡献；创造人类文明新形态有利于增强社会主义意识形态的世界感召力，有利于扩大社会主义制度的国际影响力，有利于推动人类发展进步。

对人类文明新形态做出准确深刻的理论阐释，是马克思主义理论学科的重大课题。社会科学文献出版社策划出版的这套丛书旨在深入剖析和探讨中国共产党带领人民在不同文明领域创造的人类文明新形态，分为《创造人类文明新形态》《全体人民共同富裕的物质文明》《人民当家作主的政治文明》《守正创新的精神文明》《共建共治共享的社会文明》《人与自然和谐共生的生态文明》《构建命运共同体的人类文明》，共七本，力求全方位鲜活呈现人类文明新形态的理论和实践样态，并试图在以下几个方面寻求创新与突破。

一是从历史高度、思想深度和实践广度上把握人类文明新形态。七本著作以大历史观认识人类文明新形态的地位和作用，将人类文明新形态置于中国共产党百年奋斗和中国道路的独特历史境遇中展开分析与探讨，把马克思主义的思想精髓、人类文明的优秀成果和中华文明的精神特质融会贯通起来，将人类文明新形态同中国式现代化道路紧密联系起来，并围绕新时代中国特色社会主义现代化背景下不同领域文明建设与中国共产党治国理政的关系谋篇布局，阐明了中国共产党带领中国人民走中国道路、创造中国奇迹的文明史意蕴，彰显了中国共产党创造人类文明新形态的世界历史贡献。

二是基于文明协调发展的视角建构人类文明新形态。丛书的各本专著立足中国特色社会主义道路、理论、制度、文化，精辟阐述了社会主义现代化与社会主义文明之间内在统一、相互促进的关系，系统论述了人类文明新形态是物质文明、政治文明、精神文明、社会文明、生态文明协调发展的文明新形态，是人的全面发展与社会全面进步共同推进的文明新形态，是新时代中国文明与世界各国文明相互促进的文明新形态，进而深刻揭示了在新征程中全面建设、协调发展、统筹推进人类文明新形态的时代价值和实践要求，为新时代坚持和发展中国特色社会主义、全面建设社会主义现代化国家指明了正确方向。

三是从中国话语创新的意义上研究人类文明新形态。习近平总书记在哲学社会科学工作座谈会上的讲话中指出：“这是一个需要理论而且一定能够产生理论的时代，这是一个需要思想而且一定能够产生思想的时代。”人类文明新形态是中国共产党领导中国人民顽强奋斗中产生的伟大创造和最新成果，是在中国原创性实践中创造出的原创性新话语。丛书坚持以学术的方式关注人类文明新形态，以高度的时代使命感研究人类文明新形态，力图通过贯通历史与现实、理论与实践，围绕这一原创性新话语积极展开创新阐释和系统论证，从而深刻揭示人类文明新形态背后的道理、学理、哲理，科学回答中国之问、世界之问、人民之问、时代之问，努力为构建中国特色哲学社会科学话语体系做出应有贡献。

“文章合为时而著，歌诗合为事而作。”即将召开的党的二十大，是在进入全面建设社会主义现代化国家新征程的关键时刻召开的一次十分重要的大会，将科学谋划未来五年乃至更长时期党和国家事业发展的目标任务和大政方针。这是在新征程中继续推动人类文明新形态取得新进展的“指南针”，更是当前加强人类文明新形态研究的“动员令”。作为马克思主义理论研究者，我们应当以高度的理论自觉、积极的历史主动、鲜明的创新意识，准确把握、正确阐述、全面分析、科学论证人类文明新形态。

社会科学文献出版社策划出版的这套丛书入选了中宣部“2022年主题出版重点出版物”，也是中国社会科学院为党的二十大献礼的重点出版项目之一。中国社会科学院党组高度重视，相关部门也做了大量工作给予支持。期望这套丛书能为学界进入人类文明新形态研究的新征程，攀登人类文明新形态研究的新高地，增强人类文明新形态的说服力、感召力和引领力贡献微薄之力。

2022 年 9 月

作者简介

戴圣鹏　华中师范大学马克思主义哲学教研室副教授、硕士生导师，湖北省优秀博士学位论文获得者，全国研究生教育评估监测专家库专家，“湖北省高等学校马克思主义中青年理论家培育计划”入选者，华中师范大学桂子青年学者、马克思主义哲学专业硕士生导师组组长、“马克思主义生态文明观及其中国化研究”青年学术创新团队负责人，美国芝加哥大学访问学者，中国马克思主义哲学史学会理事，中国人学学会理事，中国历史唯物主义学会理事，《海派经济学》（CSSCI）学术委员会委员。主要研究领域为马克思哲学、黑格尔哲学、经济哲学与马克思主义文明观，在《哲学研究》《哲学动态》《学术月刊》等刊物发表学术论文60余篇，其中被《新华文摘》、《中国社会科学文摘》、中国人民大学复印资料《哲学原理》等全文转载或论点摘编近30篇次。出版学术专著1部。主持国家社科基金青年项目1项，参与国家社科基金重点项目和一般项目5项，主持省级项目4项，主持中央高校基本业务基金项目2项。获得武汉市人民政府社会科学优秀成果奖三等奖2项、二等奖1项，获得湖北省哲学学会哲学研究优秀成果奖一等奖3项。

目　录

前　言

生态文明理念的提出及其践行是人类文明进步的重要体现。建设生态文明，是世界人民的共同心愿，也是人类社会对自身实现可持续发展的客观要求。人类文明进入 19 世纪特别是 20 世纪以来，人与自然的关系发生了巨大变化，这种变化表现为人对自然的驾驭力与支配力在不断增强，但同时人对自然的主体责任没有得到很好的落实与践行。换句话讲，相比于过去的历史时代而言，人对自然的保护与生态建设并没有因为人的自身力量的发展或人类文明的进步而得到更好的体现。由于人自身的发展以及社会的发展，人对自然的认识与改造超过过去任何历史时代。人的实践活动，特别是物质生产活动对自然与生态产生了深远的影响。在一个社会生产力获得了巨大发展以及人的需要也越来越多样化的现代工业社会，特别是在资本作为“普照的光”而存在的资本主义社会，如不注重对自然的保护与生态建设，而只是一味地借助日益发展的社会生产力来满足人们各种各样的物质需求的话，自然环境就必然难以承载人的日益增长的物质需求特别是一些过度的、被社会放大化的物质需求。人与自然的关系，不仅仅在于自然是如何满足人的需要，更在于自然满足人的日益增长的需要是否具有可持续性。当人的需要超出了自然的承载极限、当人的需要损害了生态环境内部的新陈代谢，人与自然的关系就难以健康发展。因此，人如何在满足自身需要的同时，又如何使自然具有可持续提供的能力，也即自然可持续地满足人的需要日益增长的能力，这是生态文明作为人类文明新形态的基本内涵必然要解答的问题，同时也是进入21世纪以来，我们难以逃避的重大现实问题。这个问题，从全球的角度讲，总体状况是日趋严重，而不是日益向好。虽然，在有的国家或地区，生态文明建设取得了丰硕成果，但也难以从根本上迅速扭转全球生态环境日益恶化的趋势。

毋庸置疑，在人与自然的关系中，人是人与自然关系构建中具有能动性与主动性的一方，也正是因为如此，在人与自然关系的构建中，人是主体，人的目的与意图影响着二者关系的构建。“在马克思看来，人是从自然中发现的唯一的主体，也是在自然中发挥目的论作用的唯一的主体，人应该在非主体的外界物的自然界中边劳动边确证自己。”[1]所以，当人与自然的关系变得不和谐甚至是无以为继时，人往往是责任的主要方，也是其灾难性后果的直接或间接承受者。如人在劳动中造成对自然环境的永久损害与不可弥补的破坏，这不是人在确证自己，而是人在毁灭自己，是人按照只有利于自身的单向度原则在毁灭自己。人如何承担起构建人与自然和谐共生关系的责任，这是生态文明理念在理论上需要破解的核心命题，也是生态文明建设的主题与主旨。人是人与自然关系建构的主体，因此，建构一种怎样的人与自然的关系，在自然不具有能动性与主动性的情况下，人往往是决定性因素，也是能动性因素与主动性因素。人在人与自然关系的构建中，人的主体性作用，既可以是积极的，也可以是消极的，这完全取决于人自身。可以说内在地具有不同社会力量的人，在建构人与自然关系上会有不同的认识与理解，也会采用不同的方式与途径。当人越来越意识到生态环境的恶化给自身发展所造成的影响越来越大时，特别是直接影响到自身的生存与可持续发展时，在现有生产力条件下，遏制生态环境的恶化与改善生态环境是必然选择。趋利避害是人的本能，在人与自然关系的构建中，应发挥人的积极作用。

在遏制生态环境的恶化以及如何建设好生态环境这个问题上，不仅不同时代的人会有不同的认识与做法，不同的社会制度也会有不同的理解与行动。在自然环境保护与生态环境建设上，显然社会主义国家的理解与认识、做法与行动是不同于资本主义国家的。在自然环境保护与生态环境建设上，按照唯物主义历史观与马克思主义文明观的基本观点与思路，作为人与自然关系构建的主体的人，随着其内在力量的增长与增强，其构建的能力也在增长与增强。但现实告诉我们，在资本主义社会，人内在力量的发展是受资本所支配的，因而人的认识力量与改造力量的增长与增强并不是用于人与自然和谐共生关系的构建上，而是用于资本的保值与增值，也即用于追求剩余价值的最大化或实现资本收益的最大化。在资本主义社会，对于资本以及其人格化的资本家而言，追求剩余价值的最大化或实现资本收益的最大化是其天性，资本要满足其天性，就需要尽可能地占有与支配更多的社会财富，就需要尽可能地占有与支配更多的不变资本的物质存在形式或不变资本的物质要素，也即生产资料，从而必然造成对自然环境的破坏与对自然的掠夺。究其原因就在于，社会财富的增长是离不开自然的，在忽视对自然环境保护与生态环境建设的情况下，资本控制与支配的社会财富越多、资本生产的财富越多，其对自然的破坏与损害就必然越大。也正是因为如此，在资本主义社会，人的内在力量的增长与增强，或人内在的社会力量的增长与增强，并没有对人与自然的和谐共生关系的建设起到示范作用，反而是起到了破坏作用，“产生了难以弥补的生态创伤”[2]。

在当今世界，要构建人与自然和谐共生的生态文明，走绿色发展的道路，就必须对资本所主导的工业生产方式与商业交往方式进行变革，就必须抛弃“杀鸡取卵、竭泽而渔的发展方式”[3]。只有对资本所主导的社会生产方式与交换方式进行社会主义变革，才能从根本上改变人的内在力量的增长与增强而没有带来人与自然关系的改善与向好的历史现状。只有日益发达的社会生产力以及日益增长的人的力量致力于自然环境保护和生态环境建设，生态文明建设才能取得实质性的进展，人类社会以及人类文明的可持续发展问题才能得到根本改善。而要实现这种转变，就必须把社会生产力置于社会主义生产关系之中，就必须把社会生产力从资本的支配与控制中解放出来。因此，生态文明与社会主义的本质要求是一致的，建设生态文明，就是在发展社会主义，社会主义生态文明就是以追求与实现人与自然和谐共生关系为基本内涵与精神主旨的生态文明。只有社会主义生态文明建设才能把人类文明引向一个新的发展阶段与新的历史时代。社会主义中国也是在建设生态文明的伟大实践中开创了中国式现代化道路，也在社会主义生态文明建设实践中创造了包含人与自然和谐共生这个重要内涵与基本内容的人类文明新形态。随着社会主义生态文明建设进入中国特色社会主义新时代和新发展阶段，社会主义生态文明建设必将迎来新的发展，也必将引领全球生态文明建设与人类文明的发展与进步。

党的十八大以来，以习近平同志为核心的党中央在新时代社会主义生态文明建设的伟大实践中进一步深化了对生态文明的科学认识，从生产、生活与生命等多个维度对生态文明做了更为科学、更为全面的解读与认识，创新性地发展了人类生态文明思想，把社会主义生态文明建设与全球生态文明建设提到了新的历史高度。“党从思想、法律、体制、组织、作风上全面发力，全方位、全地域、全过程加强生态环境保护，推动划定生态保护红线、环境质量底线、资源利用上线，开展一系列根本性、开创性、长远性工作。”[4]经过多年前所未有的大力度、全方位、全地域、全过程的生态文明建设，我国的生态文明建设取得了重大的历史性成就，“生态环境保护发生历史性、转折性、全局性变化”[5]，生态环境恶化趋势得到了扭转，美丽中国建设迈上了一个新的台阶，人民的美好生活也有了更为坚实的物质基础与生态保障。社会主义生态文明建设开创了人与自然和谐共生的社会主义现代化新格局，在其建设的实践中创造了人类文明新形态。在中国特色社会主义新时代生态文明建设的伟大实践中，还在理论上取得了重大成果，产生了当代中国马克思主义生态文明思想、21 世纪马克思主义生态文明思想——习近平生态文明思想。进入中国特色社会主义新时代以来，社会主义生态文明建设取得如此巨大的历史成就最为根本的原因就是坚持了以习近平同志为核心的党中央的全面领导，坚持了以习近平新时代中国特色社会主义思想为指导思想，坚持了以人民为中心的发展理念，坚持了中国特色社会主义道路，坚持了生态文明建设的社会主义方向，坚持了人类历史发展的正确方向。在社会主义生态文明新时代，不仅我国自身的生态文明建设取得了历史性成就，作为负责任的大国，“我国积极参与全球环境与气候治理，作出力争二〇三〇年前实现碳达峰、二〇六〇年前实现碳中和的庄严承诺”[6]，不断为全球生态文明建设做出更大贡献，不断为构建人与自然和谐共生的生命共同体做出更大贡献，不断为构建人类命运共同体做出更大贡献，不断为世界人民的健康与幸福做出更大贡献，不断为人类文明的发展与进步做出更大贡献。中国特色社会主义新时代的生态文明建设，积累了世界社会主义生态文明建设的成功经验，打造了全球生态文明建设的中国样板，为世界其他国家和地区的生态文明建设与美丽地球家园建设贡献了中国智慧、中国方案、中国力量。

在对社会主义生态文明的具体解读与认识中，本书的研究思路主要是以唯物主义历史观与习近平新时代中国特色社会主义思想为指导思想，以习近平生态文明思想为理论基础，以人与自然和谐共生为主线和主旨来研究分析社会主义生态文明的理论源泉、内在维度与基本内涵、社会主义生态文明建设的历史进程与基本内容、建设社会主义生态文明的理论意义与现实价值等重要内容。人与自然和谐共生作为社会主义生态文明的内核与鲜明特征，不仅是社会主义生态文明区别于其他生态文明形式的根本之所在，也是社会主义生态文明建设所要达到的核心目标。而要构建人与自然和谐共生的关系，在社会主义生态文明建设中，不仅要对已有的社会财富观念进行变革，还要在经济社会发展上走绿色发展的道路，并以人与自然生命共同体为建设平台来不断推进人类生态文明建设与人类文明新形态的发展，从而在社会主义生态文明建设中不断满足人民对美好生活的需要，为中国人民建设一个美丽中国，为世界人民建设一个清洁美丽的世界，为人类文明的可持续发展贡献中国智慧、中国方案、中国力量。在中国特色社会主义新时代，建设社会主义生态文明，不仅是坚持与发展中国特色社会主义、统筹推进“五位一体”总体布局和协调推进“四个全面”战略布局的客观要求，也“是‘五位一体’总体布局和‘四个全面’战略布局的重要内容”[7]。此外，社会主义生态文明建设，是实现经济社会高质量发展的必然选择，是社会主义制度优越性与先进性的重要体现，也是人类文明新形态创造的显著活动与建设人类文明新形态的基本内容。在走向社会主义生态文明新时代的历史进程中，在中国特色社会主义新时代生态文明建设的伟大实践中，既深化了对社会主义本质的认识，也深化了对共产党执政规律、社会主义建设规律、人类社会发展规律特别是人类文明发展规律的认识。在不断对马克思主义的深化认识中，发展与创新了马克思主义生态文明观，实现了马克思主义中国化的新飞跃，开辟了“当代中国马克思主义、21 世纪马克思主义新境界”[8]。“在全面建设社会主义现代化国家新征程上，全党全国要保持加强生态文明建设的战略定力，着力推动经济社会发展全面绿色转型，统筹污染治理、生态保护、应对气候变化，努力建设人与自然和谐共生的美丽中国，为共建清洁美丽世界作出更大贡献！”[9]

第一章　人类生态文明思想生成与发展的历史考察

生态文明思想的生成是有其时代背景以及历史条件的。没有资本主义文明或资本主义工业文明对自然环境以及人的生存环境所造成的令人触目惊心的破坏，没有人们对资本主义生产方式与资本主义工业文明的批判，没有生态意识与生态思想的兴起，没有人们对建设一种不同于工业文明的新的文明发展形式的呼唤，人们是不会去思索人类到底应该建设一种什么样的人类文明，以及建设一种什么样的人类文明才符合时代发展的需求，才有利于人类社会的可持续发展。从人类文明意识的启蒙与文明观念的崛起到生态文明思想的形成，是有一个发展过程的。从生态文明本身这个概念的形成角度讲，其概念的形成离不开文明与生态学这两个概念，是生态学与文明这两个概念的结合以及文明思想与生态思想的有机统一才生成了生态文明这个概念，也是在这个概念的基础之上才形成了人类生态文明思想。随着科学的生态文明思想理论体系在中国的形成，人类生态文明思想的发展进入了一个新的历史时代。

一　生态文明思想形成的时代背景

生态文明[1]，作为一种新的人类文明理念以及一种新的文明类型或新的文明发展形态，是有其生成的时代背景的。一个时代有一个时代的思想，一个时代的新思想总是孕育在其所处的社会环境与时代背景中。对于生态文明思想的生成而言，也有着思想生成的特定时代背景与社会土壤。生态文明相比于已有的工业文明而言，特别是相对于资本主义工业文明或工业资本主义文明而言，显然是一种更为先进的文明发展类型或更先进的文明发展形态。毋庸置疑，生态文明作为新的文明发展类型或新的文明发展形态，是在已有的工业文明基础上发展出来的。生态文明的诞生，与已有的资本主义工业文明不重视或忽视生态环境保护与建设的文明发展思路是紧密联系在一起的。

生态文明，作为一个现代性概念与现代文明理念，有着不同于过去文明概念的内涵。生态文明被赋予的新内涵与新思想，是时代发展与历史前进的反映与体现。“从上世纪 30 年代开始，一些西方国家相继发生多起环境公害事件，损失巨大，震惊世界，引发了人们对资本主义发展模式的深刻反思。”[2]对资本主义发展模式与资本主义工业文明深刻的反思，引发了人类文明发展史上一次具有划时代历史意义的文明理论变革与文明理念革新。在这次文明理论大变革以及新的文明思想启蒙中，人们对人类文明的发展提出了更高的要求。众所周知，现代工业文明特别是资本主义工业文明在其发展的过程中产生了一系列社会问题，这些问题涉及资本主义社会的方方面面，也对人类文明的健康发展构成了严重挑战与巨大冲击。起初，人们往往更关注资本主义社会的经济危机问题，也更注重从经济的维度去批判与剖析资本主义社会及其制度，指出资本主义社会的种种弊端与危害。但随着时代的变迁，以及资本主义社会的资本生产与资本积累对自然环境破坏的日益加剧和长年累月对生态环境破坏所造成的叠加效应，环境问题或生态危机越来越引起人们的重视，并逐渐发展成为一个全球性问题与全球性危机。环境问题与生态危机作为一个全球性问题与全球性危机而存在，是有一个发展过程的。它经历了一个从问题提出到问题描述、再从问题描述到问题诊断、最后从问题诊断到开出药方的过程。环境问题与生态危机作为一个社会问题被提出是在 20 世纪 60～70 年代。60～70 年代，环境问题上升为资本主义社会发展的主要问题，生态危机也开始成为资本主义社会的主要危机，进而发展成为全球性危机。环境问题的突出与生态危机的加重，加深了人们对自身的生存与发展的担忧与焦虑，也引发了全球范围内的关注与思考。对环境问题与生态危机的担忧与思考，对自身可持续发展的关注，促使人们对资本主义工业文明的反思以及对人类文明发展方向的深沉思考与长远谋划。

对生态危机与环境问题的关注，促使人们不得不去思考更为深层次的问题，开始去探寻引发环境问题与生态危机的深层次原因。对环境问题与生态危机的深层次原因的探究以及理论家们哲学层面的分析与研究，不仅把环境问题与生态危机的产生指向了建立在对自然的豪取掠夺与野蛮征服上的资本主义工业文明，也指向了资本主义生产方式与交换方式下社会生产与大众消费所导致的人与自然关系的异化。环境问题与生态危机就是资本主义生产方式与交换方式下人与自然关系发生异化的表现与征兆，是资本主义社会的社会危机向自然环境或生态环境领域的延伸，或者说是资本主义社会的社会危机在自然环境或生态环境领域的呈现。因此，要解决环境问题与生态危机，实现人类社会的可持续发展，就需要重置与重建人与自然的关系。这需要对建立在资本主义生产方式与交换方式之上的资本主义工业文明进行批判，需要对资本所主导的社会生产方式与社会生活方式进行反思与重新认识。这激发与强化了人们的生态意识与生态思想，也推动了人们对现有的资本主义工业文明或资产阶级文明的清算与变革。如果现有的文明特别是资本主义工业文明是环境问题产生的根源和生态危机的罪魁祸首，那就需要有一种新的文明来取代它。对新的文明的呼唤已经在人们的头脑中生根发芽，对新的文明的称呼也必然会跳出人们的头脑显现于世人眼前。这个不同于已有的资本主义工业文明的新的文明发展形态或人类文明新的发展类型就是生态文明。对新的文明的呼唤，对生态文明的向往，既是人们对改善当前生态环境的强烈要求，是人类保持自身可持续发展与推动人的全面发展的客观需要，也是当代资本主义社会的有识之士对资本主义社会及其制度的时代审判与历史批判，更是社会主义社会在建设社会主义文明以及推动人类文明进步的历史进程中所展现出来的历史之使然。

生态文明思想的产生，不仅与资本主义生产方式和交换方式所导致的全球生态危机有着紧密而直接的关系，也与人们对资本主义工业文明以及资本主义制度的批判与反思有着紧密而直接的关系，还与我们所处的这个历史时代正处在人类文明发展的历史转型时期有着紧密而直接的关系。人类文明发展的历史转型时期，既可以理解为新的文明发展形态逐渐取代旧的文明发展形态的历史时期，也可以理解为新的文明发展形式逐渐生成或新的文明发展形式将取代旧的文明发展形式的历史时期。在人类文明发展的历史转型时期，人们不仅对新的文明充满期望与热盼，也必然会出于历史的眼光对旧的文明加以审查与批判。也就是说在这样一个历史时期，新的文明理念已成为时代的新符号，已为人类文明发展指引了前进方向，但其作为一种新的文明形态或新的文明发展形式还在历史的生成之中。一旦新的文明形态在历史的发展中得以形成，这个转型时期也将告一段落，人类文明将迎来一个新的历史时代。生态文明思想就是人类文明在其发展历程中从工业文明向新的文明转型的历史时期所产生的新的文明理念与新的文明思想。这个新的文明理念与新的文明思想，也必将在其实践过程中形成新的文明发展形态来取代旧的文明发展形态，或生成新的文明发展形式来推动人类文明的进步。第一次工业革命以来，资本主义工业文明代表着人类文明的新形态得到了迅速的发展，工业文明取代了农业文明或农耕文明成为人类文明发展的主要推动力量与主导形态，并迅速改变了世界文明发展的格局。在这个人类文明转型与发展的重要历史时期，世界文明的发展格局就是：农业文明或农耕文明从属于工业文明，农业文明国家开始向工业文明国家转型。随着资本主义工业文明占据历史主导地位，人类文明进入工业文明时代。资本主义工业文明演进到现在，其革命性几乎丧失殆尽，其所展现出来的更多是对人类文明可持续发展的损害与对人类文明进步的阻碍，因此，人类文明要继续向前发展，就必须要实现文明发展形态的革新与演进，就必须要实现人类文明发展道路的转型与转轨。生态文明就是在这样的历史大背景下应运而生的。

生态文明是人类文明发展过程中，把自然与生态作为内在尺度来发展与建设的新的文明形态或文明形式。相比于旧有的工业文明以及资本主义工业发展模式更为注重商品的生产以及社会物质财富的创造而言，生态文明不仅关注人类文明的可持续发展，还关注社会生产与社会消费对自然的价值与意义，关注在社会生产与社会消费中，人与自然关系的和谐共生与良性互动。生态文明思想的产生以及人们对它的看重，不仅体现了人类支配自然的能力在不断提升，还反映了人类对自身内在力量的科学使用能力也在不断提升。生态文明思想在我国生根发芽，既有国际背景也有国内背景。从国内背景的角度讲，生态文明思想的形成与我国在社会经济发展中，人们的生态意识淡薄与生态环境遭到一定程度的破坏有着较为直接的关系。20 世纪 80~90 年代以来，在社会的物质文明建设与精神文明建设都取得巨大历史成就的同时，由于社会生产力的相对落后以及人们的生态观念相对淡薄，我国的环境问题与生态问题也日益凸显，人们强烈感受到了环境问题以及其带来的负面效应给社会经济发展与社会生活带来的严重危害，并在事实上成为社会可持续发展的障碍。要实现经济社会的可持续发展与满足人们对美好生态环境以及美好生活等日益增长的需要，就必然要重视与大力推进生态文明建设，也必然要把生态文明建设作为社会主义文明建设的重点方向与主要内容。社会主义中国对生态文明的重视是当今世界上任何一个国家无法比肩的，特别是党的十八大以来以习近平同志为核心的党中央对生态文明建设高度重视。正如有的西方学者所指出的那样："中国政府是世界上第一个把建设'生态文明'作为主要目标的政府。"[3] 中国是世界上第一个把建设生态文明作为国家战略与基本国策的国家，究其原因不仅在于生态文明与社会主义的本质具有一致性，更在于在我们看来，"生态环境是关系党的使命宗旨的重大政治问题，也是关系民生的重大社会问题"[4]。因此，在当今中国，树立社会主义生态文明观，建设生态文明，既是在践行党的使命宗旨，也是在着力解决民生问题。这是新时代中国特色社会主义建设的头等大事，是中华民族实现永续发展的头等大事，也是人类社会与人类文明可持续发展的头等大事。

二　生态文明思想生成的逻辑进程

考察生态文明思想的形成过程，可以从生态文明这个概念的形成历史讲起。生态文明，从其概念生成的逻辑角度讲，有一个概念演进的历史过程。因此，要考察生态文明这个概念生成的理论逻辑进程，是离不开文明与生态学这两个前提性概念的。从生态文明这个概念本身来讲，它是生态学与文明这两个概念的合成词，也是生态理念与文明思想有机融合的新范畴。因此，对于生态文明这个概念以及这个概念所蕴含的思想，十分有必要从文明与生态学这两个概念的产生以及分别建立在这两个概念基础之上的人类文明思想与生态思想的形成来加以理解与把握。

（一）文明概念的出现以及人类文明思想的形成

考察人类生态文明思想的形成，首先需要对文明这个概念的出现做一个历史考察。从人类文明伊始的角度来讲，迄今为止已知的人类文明最早的形态就是古埃及文明，古埃及文明距今已有7000多年的历史。此外，作为从其产生伊始到现在从未中断过也未曾被其他文明取代过的四大古文明之一的中华文明，迄今也有5600多年的历史。但令人非常遗憾的是，虽然人类文明至少有7000多年的历史，但文明作为一个现代性概念的出现则是近代以来的事情。可以说，人类文明很古老，但文明概念则很年轻。在文明概念没有产生之前，人们的头脑中并没有关于文明的科学认识。就文明概念本身而言，也即作为现代人所认知与使用的文明概念而言，直到18世纪中叶，人们才开始在西方一些学者的著作中发现它的存在。“文明（civilisation）一词首先出现于法国。civilisé 最初意指建立一个好政府，即 policé，但 civilisation 一词很快便不再仅用来指称一种特殊的政府形式了，它指的是把人从古老的习惯、规范及物质生活方式中解放出来，转向一种更为复杂的或称为‘文明的’生活方式。”[5]这种“文明的”生活方式，最初指向的是罗马法或公民法之下的生活方式，随着人们对文明观念的把握与认识的加深，人们在思想观念上逐渐把其看作一种与野蛮相对立的生活方式与法律制度，视其为人类社会与自然相疏离的一种开化与进步状态，或像马克思恩格斯所认为的那样是国家时代的开始[6]。随着资本主义工业文明在人类文明发展中占据主导地位，文明的内涵与外延在不断深化与延伸，文明开始作为一个生活用语出现在人们的日常生活中，甚至作为一种价值评价标准被人们用于现实的伦理道德评价当中。

在人类思想史上，人们对文明概念及其内涵的理解与把握，可谓是仁者见仁、智者见智，文明的定义在国内外有几十种。既有从文化的角度来理解与把握文明的，也有从其他视角来认识与理解它的。例如，在不少从文化的视角来解读文明的学者看来，文明与文化有着紧密的关系，甚至在一些学者看来，文明与文化是可以等同的。例如，奥地利学者西格蒙·弗洛伊德就认为文化与文明是可以等同的，并说：“我不屑于区别文化与文明这两个概念”[7]。美国学者塞缪尔·亨廷顿也认为：“文明是放大了的文化”，“一个文明是一个最广泛的文化实体。”[8]在我们现在对文明的一般认识中，文化是包含文明的，文明被看作文化的进步方面或人类文化活动的积极成果，也正因为如此，在人们的一般性认识中，文明也常常被视为社会进步的标志。当然除了从大文化的角度来理解与认识文明之外，还有人从道德与社会规范的维度来解读它。在这种理解与把握中，文明往往被视为社会素养或社会素质，甚至被窄化为社会生活领域中的社会素质与伦理道德。在现实生活中，我们时常所说的“讲文明”就是从这个意义上来使用的。但有一点需要指明的是，人们对文明概念或其内涵的把握与认识的多样化，也表明了文明作为一种现代观念与进步思想已生根于人们的大脑中，并成为人们的日常生活用语。

在唯物主义历史观与马克思主义文明观的视野中，文明与文化既有相一致的地方，也有不同的地方。文明是人类社会发展到一定历史阶段的产物，其本身就是一种历史性存在，文明从其本质上讲是具有社会实践性的。从恩格斯对文明的理解来看，其思想中是有这样一种对文明的解读的，即“文明是实践的事情，是社会的素质”[9]。由此可见，在马克思恩格斯看来，需要从社会实践与社会素质这两个维度来科学地把握与认识文明。社会实践是文明的底层结构，社会素质是文明的表层结构，底层结构决定表层结构，表层结构反映底层结构，一般来讲，有什么样的社会实践就会有什么样的社会素质与之相适应。从底层结构即社会实践的角度讲，文明是指人们的社会物质实践活动及在物质实践活动中所产生的各种非天然的物质产品或者说人工产品以及其他非精神性事物。从表层结构也即社会素质的角度讲，文明包括人们的各种社会素质，例如道德素质、政治素质、法律素质、艺术素质、科技素质等，当然也包括培养与塑造这些社会素质所需要的各种社会制度和社会文化等。从社会实践的角度讲，一个社会的物质生产力及其生产方式、生活方式、交往方式等，是文明最为基本、最为核心的内容，也是一种文明区别于另一种文明最为根本的特征与依据。

随着文明概念的历史生成，建立在文明概念之上的人类文明思想或文明理论开始发展。对文明本质的认识，对文明内容与类型的把握，对文明交流互鉴的理解，对人类文明历史的考察，对资产阶级文明、资本主义工业文明与现代文明的批判，对人类未来文明的展望，不仅加深了世人对文明的认识，也使得文明思想越来越丰富、文明理论越来越系统。在文明思想的发展与文明理论的构建过程中，形成了不同的文明思想与文明观。越来越丰富的人类文明思想与文明理论，构成了生态文明思想形成的重要理论前提与理论基础。

（二）生态学概念的提出与生态思想的形成

生态文明概念的生成与出现，不仅与近代以来文明概念的出现有着内在性关系，还与生态学概念的提出有着直接而紧密的联系。之所以如此，不仅仅在于生态文明这个范畴包含生态学这个概念，还在于生态思想的形成与生态学是紧密联系在一起的，而生态文明思想的历史生成又是建立在生态意识与生态思想的基础之上。因此，在考察生态文明思想的历史生成时，非常有必要对生态学这个概念做一番学理探究。生态学作为一个新概念、新名词，是由德国学者恩斯特·海克尔 1866 年在其著作《普遍有机体形态学》中创造并使用的[10]。生态学在其创始人海克尔看来，其内涵是指关于自然经济学的知识体系，是从自然经济学的角度来关注自然与经济可持续发展问题，从哲学的角度讲，就是要在物质生产与物质交换中重新审视人与自然的关系，特别是这种关系的健康发展问题。在社会生产力水平比较落后的情况下，经济发展并不会给自然与经济可持续发展带来严重损害与巨大破坏，但大工业的发展，特别是机器的推广与使用，使得自然与经济可持续发展问题日益凸显，也就是说自然相比于大工业生产以前的时代而言，已经很难支撑经济的可持续发展。经济发展是离不开自然的，但经济发展与自然承受之间是有一个度的，超过了这个度，二者的关系就会失衡。在大工业生产中，经济要实现更大的发展，超出了自然的承受限度，其结果就是自然遭受更大的破坏。自然生态系统的受损，必然使生态环境的新陈代谢能力下降，也必然会在很大程度上破坏其内生的新陈代谢系统。自然界本身的新陈代谢能力的下降和其新陈代谢机制效率的降低，最终会阻碍经济的进一步发展、中断经济社会可持续发展进程。也正是基于这样的理解与认识，恩斯特·海克尔从自身的研究背景与思想初衷出发创造了生态学这一全新的概念，并赋予生态学特有的内涵与意义。

随着自然环境问题越来越引起人们的重视，生态学这一新概念在社会发展中也被赋予了新的内涵，生态系统等新的观点被加入到生态学的内涵当中。生态学在其发明人那里被赋予的自然经济学内涵或社会科学意蕴越来越被人们淡化或忽视了，从自然科学的维度来解读生态学的思想越来越被人们所推崇与接受。以至于在当下，人们对生态学的解读已没有多少经济学的意涵，而几乎变成了一个纯粹意义上的自然科学概念，并成为一门有着自己独特研究对象、研究方法、研究任务与研究理论的自然学科。随着自然科学意义上的生态学概念以及生态学学科的出现，生态学成为一个家喻户晓的概念。在人们的一般认识中，生态学是一门研究有机体或生物体与自然环境之间相互关系以及作用机理的学科。这种转变使得生态学成为生态文明建设的基础性学科，在一定意义上赋予了生态文明建设自然科学底蕴，同时也奠定了生态文明不同于旧的工业文明的思想基础与理论基石。

但无论是隐含社会科学意义的生态学概念，还是自然科学意义上的生态学概念，其都有一个共同的概念生成背景，这个背景就是在资本所主导的资本主义工业生产方式与商品交换方式下，自然环境或生态环境遭到了前所未有的巨大破坏，甚至是无法弥补与修复的损害。自然环境的破坏，不仅影响了社会经济的发展，对经济社会的可持续发展也构成了巨大影响。最为主要的是，环境污染与生态恶化已损害了人的生存环境，严重影响到了人自身的生存与发展，特别是影响到了人以及人所构建的人类社会的可持续发展。因此，在前一种思维下，强调经济发展也要遵循自然规律，按照自然规律来发展经济，必然为生态文明思想的产生奠定了理论前提与思想基础，也构成了现代生态文明思想的重要内涵。在后一种思维中，生态学不仅是自然科学的一个学科，也是人类如何基于自身的能力来研究生态环境及其规律，并为保护生态环境、修复生态环境以及生态文明建设提供科学的理论指导与技术支撑。随着 19 世纪生态学概念的提出与生态思想或生态意识的兴起，人类对自身所要创造的文明有了新的理解，这些由于生态思想或生态意识的兴起而萌发的对人类文明发展的新认识与新思想，构成了人类生态文明思想形成的直接理论来源与思想元素。可以说，没有生态意识就不会有生态文明意识，没有生态理念就不会有生态文明理念，没有生态思想就不会有生态文明思想。

（三）生态文明概念的产生及其思想形成

生态文明概念的产生与生态学这一概念以及其所蕴含的现代生态思想被人们广泛认知是直接联系在一起的。但在关于生态与文明这两个词语是否能结合在一起的问题上，人们的意见并不是一致的。“有人把‘生态文明’（ecological civilization）看作一种矛盾修饰法[11]（oxymoron）。”[12]在这种观点看来，生态是生态，文明是文明，生态与文明是两个在本性上相互抵触的语词。生态是纯自然的东西，而文明是非自然的，把二者结合在一起在内涵上会出现逻辑矛盾。这种认识固然有合理性，但这不意味着作为新文明的生态文明在概念上是不能成立的，也不意味着把工业文明之后的人类新文明称为生态文明有何不妥之处。对于生态文明这个合成词而言，生态与文明在语义上的相互抵触，反而凸显了不同于资本主义工业文明的新的人类文明形态建设所面临的重大问题与需解决的重大矛盾。例如，人类文明的进步，是否必须以牺牲自然生态环境为代价，在自然保护与人类文明发展之间是否存在无法跨越的鸿沟。

从生态学这个概念的最初含义来讲，其具有社会科学意蕴，但随着生态学成为一门独立而纯粹的自然科学，它的社会科学意蕴被淡化。然而随着生态学与文明概念的结合，生态文明这个新概念被重新赋予了社会科学的意蕴。从某种意义上讲，正是文明观念的系统性发展、生态思想的快速发展以及它们被世人所广泛接受与认可，才有了生态文明概念及其思想形成的理论逻辑前提与思想基础。相比于生态学概念的产生历史而言，生态文明概念的提出，则是20世纪70~80年代的事情。根据已有的生态文明研究的相关成果来看，在关于生态文明这个名词是谁首先提出的问题上，有研究认为：“生态文明的概念最早是苏联学术界在《莫斯科大学学报·科学共产主义》1984年第2期文章《在成熟社会主义条件下培养个人生态文明的途径》中提出的。”[13]但这篇文章所谈及的生态文明，与我们现在讲的生态文明在内涵上有着很大不同。这篇文章中所指的生态文明，更多的是从生态伦理或生态文化的角度来解读的，是把它作为一个生态伦理或生态文化意义上的概念来使用，而不是将其视为一种不同于工业文明的新的人类文明形态或新的人类文明发展形式。也有研究者认为，对生态文明作学理性意义上的探讨与研究，最早出现于 20 世纪 80 年代中后期的中国[14]。这两种关于生态文明概念提出的最早时间的观点，对于我们考察生态文明思想在中国的传播与发展是非常重要的，但这种观点中所指出的最早时间值得商榷。之所以如此认为，原因在于，在现代西方世界，生态文明这个新概念新思想的提出不会晚于 1978 年。I. 费切尔发表在联邦德国《宇宙》英文版 1978 年第 3 期的文章《论人类生存的环境——兼论进步的辩证法》中就提出了生态文明这一概念[15]。在 I. 费切尔看来，生态文明作为人们迫切向往的人类文明，“与舍尔斯基所说的技术国家不同，是以设定有一种自觉地领导这一制度的社会主体为前提，达到这种文明要靠人道的、自由的方式，不是靠一群为在世界范围内实行生态专政服务的专家来搞，而只靠大多数人从根本上改变行为模式。”[16]此外，这篇文章是 1982 年被孟庆时摘译发表在国内杂志《哲学译丛》上，因此，从时间上讲，在国内生态文明作为一个新概念与新的文明发展理念，它的提出与出现不会晚于 1982 年。

随着 20 世纪 80~90 年代物质文明与精神文明研究在国内兴起，生态文明这个新提出的概念形式与新的文明发展理念也引起了学者们的关注与重视。有学者开始尝试对生态文明概念下定义。从生态文明在中国的出现到对生态文明下定义，这是生态文明概念在中国传播与发展的一个非常重要的时间节点。从某种意义上讲，它是生态文明概念及其思想在中国落地生根的非常重要的表现。关于生态文明概念在国内的最早定义，据有关学者的观点来看，可能是在 1987 年。1987 年 5 月，叶谦吉教授在安徽阜阳举办的全国生态农业研讨会上所做的一个报告中，给生态文明下了一个定义，认为："所谓生态文明，就是人类既获利于自然，又还利于自然，在改造自然的同时又保护自然，人与自然之间保持着和谐统一的关系。"[17]其还在会上非常有远见地提出："21 世纪应该是生态文明建设的世纪。"[18]生态文明作为一个现代概念，虽然产生于现代西方，但真正蕴含着文明新形态与人与自然和谐共生这个意蕴的生态文明概念和生态文明理念，应该是在中国的学术环境与政治语境中慢慢生成与定型的，也就是说，真正赋予生态文明科学内涵的不是西方学术界，而是中国学术界，真正把 21 世纪打造为生态文明世纪的是中国，不是西方发达国家。关于生态文明概念的产生或提出，无论是哪一种观点，向我们提供的重要信息就是，生态文明作为一个概念的出现，无论是作为生态文化或生态伦理意义上的生态文明概念，还是作为文明新形态意义上的生态文明概念，抑或其他意义上的生态文明概念，其诞生的时间应该不会晚于 20 世纪 70 年代。

从作为一种新文明形态或文明新形态意义上的生态文明来看，其所包含的思想理论则要早于这个概念本身的提出时间，也就是说生态文明思想与生态文明理论存在的时间早于生态文明概念提出的时间，是有生态文明思想理论的先行存在，才在这个思想的基础之上生成了生态文明概念。"生态文明理论的奠基者一般认为是美国学者奥尔多·利奥波德。"[19]奥尔多·利奥波德在其 1947 年完成的著作《沙乡年鉴》中提出了"大地伦理"的思想。"大地伦理就是要求将伦理关系从人类共同体进一步扩大到生态共同体"[20]的一种伦理思想与生态文明思想。该思想认为，人类在生态共同体中没有特殊的地位，人类与生态共同体中的其他成员一样，大家的地位是平等的，人类不仅要尊敬生态共同体中的每一个成员，还要对生态共同体本身有敬重之心。随着奥尔多·利奥波德的“大地伦理”思想以及其所蕴含的生态文明思想的广泛传播与被人们所接受，生态文明思想及其理论也进入发展的快速道。在生态文明思想的快速发展过程中，产生了不同的生态文明理论，既有当代西方的生态文明理论，又有当代中国的生态文明理论。在当代西方的生态文明理论中，又可以划分为三种理论类型，即“生态中心论的生态文明理论”[21]“现代人类中心论的生态文明理论”[22]“生态学马克思主义的生态文明理论”[23]。当代中国的生态文明理论，其最为重要的理论形态与代表形态就是习近平生态文明思想。习近平生态文明思想，是在中国特色社会主义新时代生态文明建设实践中所形成的社会主义生态文明思想，是当代中国的马克思主义生态文明思想，也是21世纪的马克思主义生态文明思想。

随着生态文明概念的提出以及对生态文明的重视，人们对生态文明的内涵存在不同的解读视角与维度。纵观学术界对生态文明概念的把握与认识，有几种比较具有代表性的解读是值得关注的。第一种是工业文明超越论。在工业文明超越论看来：“生态文明是一种超越工业文明的新形态的文明形式。”[24]工业文明超越论是从人类文明演进的角度来认识生态文明的，是把生态文明作为人类文明的独立发展形态来认识与理解的，这种理解蕴含着生态文明是人类文明进步的重要思想。第二种是比较传统的总和论。在有的总和论观点看来：“生态文明是指人们在改造客观物质世界的同时，不断克服改造过程中的负面效应，积极改善和优化人与自然、人与人的关系，建设有序的生态运行机制和良好的生态环境所取得的物质、精神、制度方面成果的总和。”[25]这种对生态文明的定义，没有很好地体现生态文明变革生产方式与生活方式的历史诉求，从其定义的思路来讲，是对文明概念的一般定义在生态文明概念上的延伸。第三种是生产方式论。在这种思想看来，“生态文明是人类在适应自然、改造自然过程中建立的一种人与自然和谐共生的生产方式”[26]。对生态文明概念做生产方式解读，抓住了生态文明的实质内容与本质要义，但仅仅把生态文明理解为一种不同于过去的生产方式，也无法完全呈现生态文明所包含的丰富内容，特别是无法从文明素养与社会素质的维度来解读生态文明所反映的在人与自然和谐共生关系构建过程中，人的文明素养的提升以及社会整体素质的提高。第四种就是经济文明论。在经济文明论的视野中，“生态文明是经济文明的新发展与新形态”[27]。“作为经济文明的新发展与新形态的生态文明，从其实质讲，就是人们在社会经济发展与人类文明演进中，按照自然规律、社会历史规律以及美的原理来建设适合人的发展需要、能满足人们对美好生活需要以及实现社会经济与人类文明可持续发展的生态环境行为及其表现形态。”[28]这是当前在生态文明研究方面比较独特的观点，也是生态文明研究的一种新视角，这种新视角抓住了生态文明的精神实质。第五种就是物质文明论。从物质文明论视角出发，生态文明仍属于物质文明的范畴，是一种比现有的物质文明更高的发展形态。从物质文明的角度来解读生态文明不无道理。因为从物质的角度讲，生态属于物质的范畴，生态文明也是物质文明，是一种关于生态保护与生态建设的物质文明。但无论是工业文明超越论还是总和论，抑或是生产方式论、经济文明论、物质文明论，都认为生态文明是一种比现有的文明发展形态更高的文明形态或文明形式。

生态文明作为一种新的文明发展理念与新的文明发展方式得到了全世界的重视，现已成为人类社会在人类文明发展问题上所达成的普遍共识。从唯物主义历史观与马克思主义文明观的视角来看，生态文明是一种比资本所主导的资本主义工业文明更为先进的人类文明发展新形式、新类型与新形态，是一种以构建人与自然和谐共生关系为内核、以满足人民的美好生活与实现人的自由全面发展为出发点与落脚点、以实现经济社会与人类文明可持续发展为目标的人类文明发展新形态。对于社会主义国家而言，生态文明与社会主义文明之本质是非常契合的。社会主义文明作为不同于资本主义文明的人类文明发展形态，从人类文明演进形态的角度讲，是比资本主义文明更为先进的人类文明发展形态，也是人类文明的新发展形态。因此，生态文明作为比工业文明更先进的文明发展形态，其与同样作为人类文明的新发展形态的社会主义文明天然存在相同与相一致的地方。这种相同与相一致不仅体现在本质上，也体现在建设立场、建设内容、发展要求与预期目标上。

三　党的十八大以来人类生态文明思想的巨大发展

虽然生态文明思想于20世纪80~90年代在中国得以传播，21世纪前10年在思想理论上得到了进一步发展，但生态文明思想在中国获得快速发展并在理论体系上得以构建起来则是在党的十八大以后。党的十八大以来，以习近平同志为核心的党中央领导全党与全国人民在社会主义生态文明建设的伟大实践中形成了科学的生态文明理论，并使生态文明思想深入人心。党的十八大以来，生态文明思想的发展主要表现在五个方面。

其一，对生态文明内涵的把握更加科学与全面。党的十八大以来，以习近平同志为核心的党中央从生产、生活、生命三个维度对生态文明作了科学而全面的把握与认识，生态文明的内涵更加科学与全面。过去更多的是从生产的维度来理解与认识生态文明的内涵的。从生产的维度来理解与把握生态文明又主要是从两个维度出发。第一个维度就是生产方式。从这个维度来讲，生态文明就是一种建立在不同于资本主义生产方式之上的人类文明发展新形态。第二个维度就是社会生产的可持续。在这个维度看来，生态文明是一种追求社会生产的可持续发展的人类文明发展新形态。不可否认，对生态文明的理解与认识不能缺少生产维度，但仅仅从生产维度来理解与把握生态文明又不够全面与科学。生态文明的诉求不仅仅是生产方式的变革与社会生产的可持续发展，还有生活方式变革与对美好的生活向往。也就是说，在理解与把握生态文明时还应从生活的维度出发。缺乏生活的维度必然是无法全面而科学地理解生态文明的内涵与精髓的。从生活维度的角度讲，生态文明既蕴含着人们对美好生活的需要，也蕴含着人们对幸福生活的向往。对于生态文明而言，满足人民美好生活需要、满足人民幸福生活需求，既是它的出发点也是它的落脚点，构成了生态文明意蕴的重要方面。在对生态文明的科学认识与全面把握上，生命维度非常重要。对生态文明而言，人与自然生命共同体是其所要构建的社会共同体，也是其所要实现的目标。在人与自然生命共同体构建中，尊重生命、保护生命、维护生命的尊严是其价值原则与根本遵循。在生态文明的历史视野中，人与自然的关系不仅仅生成在人的生产与生活中，也体现在人与自然是一个生命共同体上。从生命的维度去理解与把握生态文明，生态文明才能彰显生命的底蕴与色彩，才能凸显生命的价值。

其二，科学的生态文明思想理论体系在中国特色社会主义新时代的生态文明建设的伟大实践中得以形成，是党的十八大以来生态文明思想在中国获得巨大发展的重大表现，也是人类生态文明思想获得巨大发展的重大表现。科学的生态文明思想理论体系的形成离不开生态文明建设的具体实践。中国特色社会主义新时代的生态文明建设实践，是科学的生态文明思想理论体系诞生的历史条件与现实基础。没有中国特色社会主义新时代的生态文明建设实践，就不会有科学的生态文明思想理论体系（即习近平生态文明思想）的诞生。从一个生态文明理念升华为一个生态文明理论体系，形成一个科学的生态文明思想，不是在人们的头脑中就可以简单完成的，它一定是人们社会实践的结果。只有在真正开展生态文明建设的国家，才能形成科学的生态文明理论。实践出真知，只有在实践中，理论才能得到发展与丰富，只有在实践中，理论才能走向科学。科学的生态文明理论一定产生于真抓实干的生态文明建设实践中，没有党的十八大以来以习近平同志为核心的党中央对生态文明建设的高度重视与大力推进，就不会有科学的生态文明理论的诞生，也不会有马克思主义生态文明理论的创新与发展。

其三，生态文明思想上升为党和国家治国理政的重要指导思想与执政理念。随着习近平生态文明思想的历史形成，生态文明思想在中国不仅落地生根，还开花结果了，形成了当今世界最为科学、最为先进的生态文明理论。以习近平同志为核心的党中央把生态文明思想上升为党和国家治国理政的重要指导思想，是生态文明思想自从 20 世纪 80~90 年代传播到中国以后，在中国获得巨大发展的最为重大的历史成就。生态文明在 80~90 年代被中国学者定义，在 21 世纪初生态文明研究在中国大力推进，在党的十七大报告中出现，都是生态文明思想在中国不断发展的重要表现。但相对于这些重要表现而言，党的十八大把生态文明建设纳入中国特色社会主义“五位一体”总体布局，上升为国家战略，特别是在党的十八大以后，以习近平同志为核心的党中央把其作为党和国家治国理政的指导思想与执政理念，生态文明思想才在中华大地获得巨大发展。从生态文明思想在中国的发展历程来看，生态文明思想上升为党和国家治国理政的重要指导思想与执政理念，在人类生态文明思想发展史上是具有里程碑意义的。究其原因就在于，在当今世界，还没有哪个一个国家、哪一个民族，像中国这样把生态文明思想作为其治国理政的指导思想与执政理念，也没有哪一个国家、哪一个民族，像中国这样把生态文明建设作为国家战略与民族实现伟大复兴的主要途径。

其四，生态文明思想深入人心，成为人们重要的生产理念与生活观念。随着生态文明思想上升为党和国家治国理政的重要指导思想与执政理念，生态文明思想已走进了中国的每一个家庭，走进了广大人民群众的心中。在当代中国，生态文明思想不仅是党和国家治国理政的重要指导思想与执政理念，也是广大人民群众重要的生产理念与生活观念。在社会主义生态文明建设的伟大实践中，不仅广大人民群众的生态意识不断得到增强，人们的社会主义生态文明观也得以树立。进入中国特色社会主义新时代以来，诸如“人与自然和谐共生”“绿水青山就是金山银山”“环境就是民生”等已成为老百姓耳熟能详的思想与观念。这些思想与观念已浸入人们的日常生活，也成为人们日常生活的重要理念。中国在生态文明建设中所取得的巨大历史成就，不仅使中国人民享受到了生态文明建设的福祉，也让全世界人民看到了生态文明建设所能带来的红利。生态文明思想在中国的广泛传播与在中国老百姓的心中生根发芽，也必然会深深影响世界人民，也从而使生态文明思想进入世界人民的心中，成为世界人民的生产理念与生活观念。

其五，引领与推动了全球生态文明思想的发展。生态文明思想在中国的最新发展成果，对全球生态文明思想的发展是具有引领作用的。习近平生态文明思想所呈现的先进性代表了全球生态文明思想在发展中所展现的进步。纵观人类生态文明思想的发展进程，在不同的历史时期，引领与推动全球生态文明思想发展的生态文明理念形态不太一样。在人类生态文明思想发展的最初历史阶段，是西方的生态文明理论在引领全球生态文明思想的发展。但是，西方生态文明理论存在巨大的理论缺陷与实践局限，其对全球生态文明思想的发展无法具有长期的引领作用，更无法为全球生态文明建设提供科学的指导。在人类生态文明思想发展的历史进程中，必然需要新的科学的理论来引领与推动全球生态文明思想的发展，也需要新的科学的理论来指导全球生态文明建设。习近平生态文明思想所提出来的一系列新理念新思想新战略，代表着人类生态文明思想发展的最新成果与最高水平。作为人类生态文明思想最新理论成果与科学的理论形态而存在的习近平生态文明思想自然而然地担负起了推动人类生态文明思想发展的历史使命，成为全球生态文明思想的引领者与革新者，大力推动了全球生态文明思想的纵深发展。

总而言之，进入中国特色社会主义新时代以来，生态文明思想在中国获得了巨大的发展，生态文明在内涵上获得了拓展与深化，产生了科学而全面的生态文明思想，形成了人类生态文明思想的最新理论成果——习近平生态文明思想，习近平生态文明思想还作为人类生态文明思想的先进理论形态推动了全球生态文明思想的发展，实现了马克思主义生态文明思想发展的新飞跃。

第二章　社会主义生态文明的理论源泉与内在维度

社会主义生态文明作为一种先进的文明发展形态，在形成的过程中不仅具有产生的历史条件，也有形成的理论源泉与建立的理论基础。中华优秀传统文化中的生态理念、马克思主义经典作家的生态文明思想、西方马克思主义中的生态文明思想，都构成了社会主义生态文明的思想元素与理论源泉。社会主义生态文明是有其建设要求与内在维度的，对于社会主义生态文明建设而言，既有生态文明所蕴含的一般建设维度，也有其特殊建设维度。

一　社会主义生态文明的理论源泉

社会主义生态文明及其理念在中国的生成与发展，不仅有着中华优秀传统文化的浸润与孕育，也有着马克思主义经典作家的生态文明思想以及西方马克思主义中的生态文明思想的借鉴与支撑。中华优秀传统文化中的生态伦理与自然哲学思想，为社会主义生态文明提供了比较丰富的思想文化元素，马克思主义经典作家的生态文明思想构成了社会主义生态文明的直接理论来源与重要理论基础，现代西方马克思主义的生态文明思想，特别是西方生态学马克思主义与生态学社会主义中的生态文明思想，也同样构成了社会主义生态文明的理论来源，为社会主义生态文明提供了有益的思想借鉴。

（一）中华优秀传统文化中的生态思维

中华优秀传统文化中，有着深邃的自然哲学思想与生态思维，这些思维与思想散落于中华优秀传统文化的经典文本中，也散见于儒家、道家等诸子百家的思想之中。正如西方学者怀海特所认为的那样，相比于近代西方的机械论思维，中华优秀传统文化中有更具生态性的思维。中华优秀传统文化中所蕴含的生态性的思维，能让生态文明思想在中国生根发芽，能使“中国在追求生态文明的过程中具有一个独特的地位”[1]。在中华文化的不同学派中，在对人与自然关系的认识与理解上，不同的学派思想在认识视角或把握维度上有所不同。中华优秀传统文化中的生态思维主要蕴含于儒家的生态伦理思想与道家的自然哲学思想中。进一步讲，其主要蕴含于中华文明内在的生存理念与生态思维——道法自然、天人合一等重要思想与核心理念中。

在人与自然关系的认识与把握上，儒家主要是从伦理的维度来解读的，也是从伦理的维度来构建的。儒家对人与自然关系的伦理建构，往往更侧重于人这一方。正是因为儒家对人的重视，在人与自然关系的建构上，其更注重人的能动性与主动性。当儒家从伦理的维度来认识与理解人与自然的关系时，其往往追求的是人与自然相统一、相和谐的境界，也即儒家思想中的天人合一的至上境界。也就是说，儒家对人与自然关系的认识与建构，所要达到的伦理境界就是天人合一。天是自然的化身或自然的实体化，人要建立与天的关系或与自然的关系，就需要通过对天的认识，特别是通过自身道德修养的提升来实现人与天的合一或人与自然的和谐统一。天人合一不仅表明人在自身的修养中达到了伦理的最高境界，也是人在自身的修养与伦理生活中实现了自身价值最大化的表现。

与儒家思想对人与自然关系的解读有所不同，道家则主要是从自然哲学的维度来解读人与自然的关系。在人与自然关系的建构上，自然往往是道家更为注重的一方，人与自然相比，人被置于自然之下，不是自然受人支配，而是人应受自然支配，确切地说是人应顺应自然。在道家的自然哲学思维中，人与自然关系的最高境界是道法自然的境界。而要达到这种境界，人就应该自然无为，也就是说在人与自然关系的建构上，人做得越少、人强加给自然的私欲与目的越少，人与自然的关系就越和谐。因此，与儒家思想提倡人应积极主动地去建构人与自然的关系，从而实现天人合一的人生最高境界不同，道家主张人与自然关系建构的最高境界是顺自然而为与应自然而生，不把人与自然关系的和谐统一与共处共生置于人的私欲与目的之下，反而是人的所作所为要服从与顺应自然。舍去人自身的目的与私欲，遵循自然法则与天道去生产与生活，是道家在人与自然和谐关系构建方面所倡导的主要理念。

由此可见，正如美国学者查伦·斯普瑞特奈克（Charlene Spretnak）所指出的那样："儒家学说认为我们参与着宇宙、社会和家庭的过程，强调要在所有这一切之中培育良好的关系。而道家学说则把人置于自然的精妙过程之中。两者都突出了与更大的生命共同体和谐相处。"[2]无论是儒家在人与自然关系建构上强调人的主动性与能动性，还是道家在人与自然关系的建构上强调道法自然与自然无为，这些思想对于我们建设社会主义生态文明都具有启发与借鉴意义，它们一同构成了社会主义生态文明的理论源泉与思想基础。在社会主义生态文明建设中，在人与自然和谐共生关系的构建中，不仅要发挥人的能动性与主动性，也要道法自然、尊重自然、顺应自然与遵循自然规律。

（二）马克思主义经典作家的生态文明思想

无论是文明观念还是生态思想，抑或是生态文明思想，在马克思主义经典作家的思想中都是比较丰富的。虽然马克思主义经典作家，特别是马克思主义的创始人马克思与恩格斯都没有关于文明论述、生态思想研究或生态文明思想研究的单独著作，但他们的著作与论述中不缺乏这些思想。相比于文明概念与生态学概念，生态文明概念是马克思恩格斯在世时不曾出现的概念。在马克思恩格斯所生活的年代虽然没有生态文明这个概念，但从当代社会与学术界对生态文明的解读与认识来看，马克思与恩格斯都有着比较丰富的生态文明思想。“马克思恩格斯的生态文明思想，主要体现在两个方面，即人与自然之间的物质变换或说新陈代谢思想，以及人与自然、社会的和谐发展、共同进化观念，即可持续发展理念。”[3]

生态文明不仅仅是一种不同于资本所主导的工业文明的新的文明类型与文明形式。从生态文明概念的产生以及其所包含的核心主题——构建人与自然的和谐关系的角度讲，马克思恩格斯对生态文明的认识是深刻的。在马克思恩格斯看来，人与自然的关系，表现为物质变换关系，因此，构建人与自然和谐共生的关系，就应在人与自然的物质变换中实现人与自然的和谐互动。人与自然的关系不仅是一种物质变换关系，还在物质变换的互动中形成了一个有机体。从人与自然的关系作为一个有机体的角度讲，人与自然之间的物质变换又可以形象地表述为新陈代谢。因此，构建人与自然的和谐共生关系，就是人与自然之间要有健康的新陈代谢。在物质生产与经济发展中，人们必须从生态的维度、社会可持续发展的维度作长远的谋划与思考，对于自然要有敬畏之情与爱护之心。

马克思恩格斯正是在对人与自然的关系、社会生产或经济发展与自然的关系的论述中流露出了其生态文明思想。马克思在著作中谈到人的生产活动（劳动）时指出："劳动首先是人和自然之间的过程，是人以自身的活动来中介、调整和控制人和自然之间的物质变换的过程。"[4]生产活动（劳动）不仅是人类生存的方式，也是人的发展方式，在经济社会中，特别是在资本主义经济生产与经济生活中，生产活动（劳动）是人的最为基本的经济活动。也正因为如此，人对自然的影响也"带有经过事先思考的、有计划的、以事先知道的一定目标为取向的行为的特征"[5]。当我们在处理人与自然的关系时，也即在人的生产活动（劳动）越来越带有自身的经济目的并以此为根本目的的时候，自然就成为人为了满足自身的经济利益而可以任意征服与牺牲的对象。如果无法变革与扭转这种异化的生产活动与经济发展方式，人与自然的和谐关系就会被破坏。随着社会生产力的发展，随着人类文明的进步，我们在征服自然的过程中不断取得胜利，"但是我们不要过分陶醉于我们人类对自然界的胜利。对于每一次这样的胜利，自然界都对我们进行报复。每一次胜利，起初确实取得了我们预期的结果，但是往后和再往后却发生完全不同的、出乎预料的影响，常常把最初的结果又消除了"[6]。"因此我们每走一步都要记住：

我们决不像征服者统治异族人那样支配自然界，决不像站在自然界之外的人似的去支配自然界——相反，我们连同我们的肉、血和头脑都是属于自然界和存在于自然界之中的；我们对自然界的整个支配作用，就在于我们比其他一切生物强，能够认识和正确运用自然规律。"[7]在人的生产活动或社会的经济发展中按照自然规律、历史规律和美的原理来处理人与自然的关系，来实现文明的发展与进步，来构建人与自然的和谐关系，从而实现人类社会的可持续发展，是马克思恩格斯生态文明思想的主要内容与核心。

马克思说："自然界，就它自身不是人的身体而言，是人的无机的身体。人靠自然界生活。"[8]人的生存与发展离不开自然，人要更好地发展，要悠闲地生活于这个世界，就需要有一个健康而可持续发展的自然生态系统与美好的生态环境，需要有一个更加健康和完善的自然生态系统与生态环境。当自发性的自然生态系统因为人的活动，特别是因为人的经济活动而日益受到破坏时，不能维持自身正常的、健康的新陈代谢时，其必然会反过来影响或损害人自身的生存与发展。当自然生态系统不能再维持其自身的系统运转与新陈代谢时，人与自然之间的物质交换或新陈代谢必然不能健康有序地进行下去，人也必将会随着自然生态系统的毁灭而走向毁灭。因此，为了避免人类自身的毁灭，为了避免人类文明的消失，就必须要避免自然生态系统的毁灭。而要避免自然生态系统的毁灭，就必须改变当前以追求经济发展而对自然进行无偿索取与任意掠夺的野蛮行为。人必须在人类文明的发展中改变自身对自然的态度以及作用方式，必须使自己"成为自然界的自觉的和真正的主人"[9]。人在经济发展与文明进步中要学会回报自然，即要通过自身的努力在观念和行动上，既要自觉地按照自然规律、历史规律和美的规律来对待自然和改造自然，也要在改造自然的过程中自觉主动地帮助自然克服其发展与进化的自发性给其自身生态系统带来的损害或破坏，帮助自然实现自觉地发展，并按照人们对美好生活不断提升的需要来发展与进化。

在唯物主义历史观看来，要从根本上解决人与自然关系的异化问题，就必须对已有的资本主义旧的生产方式与交换方式进行变革，只有这样才能实现人、自然、社会的协调发展、可持续发展。恩格斯认为："到目前为止的一切生产方式，都仅仅以取得劳动的最近的、最直接的效益为目的。那些只是在晚些时候才显现出来的、通过逐渐的重复和积累才产生效应的较远的结果，则完全被忽视了。"[10]因此，要避免那些"较远的结果"，就必须对一切旧有的生产方式进行变革，就必须改变现有的一切生产方式的性质。但如果我们只是认识到了我们的生产行为可能导致的较远的社会影响，并试着去调节或控制这些影响，而不是变革它的生产方式，那么我们所做的只是治标不治本的事。恩格斯认为这种思想、这种认识，是不可能解决旧有的生产方式所带来的直接或间接的社会后果的。要从根本上解决这一问题必须对现有的生产方式进行变革，必须采用一种可持续的生产方式，建立在这种生产方式上的人类文明，我们把它称为生态文明。因此，针对目前为止一切旧有的生产方式所带来的间接的、较远的社会影响，"仅仅有认识还是不够的。为此需要对我们的直到目前为止的生产方式，以及同这种生产方式一起对我们的现今的整个社会制度实行完全的变革"[11]。由此可见，在马克思主义经典作家的文明观视野中，生态文明实质上就是要构建一种以实现人与自然、人与社会、自然与社会和谐发展、可持续发展为目的的新的生产方式。生态文明的历史诉求就是要对到目前为止的一切生产方式进行批判与扬弃，就是要对迄今为止的一切旧有的生产方式以及依附于它上面的整个社会制度进行完全的变革，尤其是对建立在资本主义生产方式上的资本主义制度及资产阶级文明进行变革。生态文明所诉求的这种新的生产方式不仅关注当代人的利益，更关注后代人的利益，不仅关注生产效益，更关注任何生产行为可能产生的直接的影响和各种间接的、较远的社会影响。这种生产方式不仅是为了今天人类的利益，更是为了明天人类的利益。生态文明建设的主要目的或者说最终目的就是要使人“最终地脱离了动物界，从动物的生存条件进入真正人的生存条件”[12]，“完全自觉地自己创造自己的历史”[13]，“成为自己的社会结合的主人，从而也就成为自然界的主人，成为自身的主人——自由的人”[14]。

（三）西方马克思主义中的生态文明思想

无论是从生态文明概念的提出，还是从现代生态文明思想的理论基础探讨的角度讲，其最早都发源于现代西方。生态文明思想在现代西方的兴起，与资本主义世界的有识之士以及有觉悟的个人或群体对资本主义文明的批判与反思是紧密联系在一起的。西方马克思主义中的生态文明思想主要呈现在生态学马克思主义与生态学社会主义的思想与观点中，也即蕴含于对资本主义工业文明与资本主义生态危机的批判思想之中。“生态学马克思主义强调生态文明是一种超越工业文明的新型文明形态。”[15]生态学马克思主义“主张应当通过变革资本主义生产方式和工业文明，建立生态社会主义，认为这样才是真正建设生态文明”[16]。生态学马克思主义把生态文明与社会主义联系起来考虑的思想，对于人们深化对生态文明的认识有着十分重要的理论启发意义，同时也加深了人们对建设社会主义的认识，特别是对建设社会主义生态文明的认识。生态学马克思主义关于生态文明与社会主义内在关系的思想与观点，也在一定意义上构成了当代中国马克思主义生态文明观、21世纪马克思主义生态文明观的重要理论来源与思想基础。

生态学马克思主义是西方马克思主义的一个非常重要且具有相当影响力的学派。生态学马克思主义，是“对工业过度生产和过度消费所造成有害于生态的后果所进行的批判”[17]。其是马克思主义危机理论在生态危机领域中的延伸与发展，是关于资本主义生态危机与资本主义工业文明批判的理论。生态学马克思主义形成于20世纪60~70年代。这与“20世纪60年代及70年代早期，生态因素对经济发展的制约性以及发展与环境之间的相互作用的主题重新被介绍进了西方思想之中”[18]是紧密联系在一起的。在生态学马克思主义的这个发展时期，主要代表人物有马尔库塞和施密特。马尔库塞的生态文明思想主要体现在《自然与革命》等著作中，而施密特的生态文明思想主要体现在《马克思的自然概念》中。在马尔库塞看来，“在剥削社会中对自然界的损害加剧了对人的损害”[19]，因而要解放人，就需解放自然[20]。马尔库塞认为，在资本主义社会这个现存的剥削社会中，“商品化的自然界、被污染了的自然界、军事化了的自然界，不仅仅在生态学的含义上，而且在存在的含义上，缩小了人的生存环境”[21]。在这样的自然界中，人迷失了自己，人无法意识到自己的主体地位。人要改变这种现状，拯救自身与自然，重新确立自身与自然的主体地位，就必须通过解放自然来解放人。而要解放自然与解放人自己，就必须同奴役、压迫与损害自然的物质力量进行斗争，也即要同资本主义制度这个现存的制度做斗争。之所以如此，究其原因就在于是资本主义制度造成了对自然界的破坏与人性的歪曲，从而导致了人与自然关系的异化，引发了生态环境问题与生态危机。生态危机是资本主义制度所导致的社会危机在自然领域的反映或者说在生态环境领域的延伸与拓展。在具体阐述资本主义社会导致人与自然关系异化的问题时，马尔库塞提出了资本主义社会的人与自然关系的异化是源于消费异化的重要思想，认为是资本主义制造的虚假需要导致了消费异化，并导致人与自然关系的异化。因此，要扬弃资本主义社会中人与自然关系的异化，就需要消除消费异化，而要消除消费异化，就需要变革资本主义社会的消费观，也即通过消费革命来化解生态危机。马尔库塞还认为，要消除生态危机，应对资本主义社会的生产模式进行变革，即按照美的规律[22]、生态学的要求重建社会的生产模式，以消除资本主义社会的文明过度[23]问题，也即资本主义社会的生产过度问题。总的来讲，在马尔库塞看来，是资本主义社会的生产过度和消费异化导致了人类生态危机，因而要化解人类社会的生态危机，既要变革资本主义社会的消费观，还要变革资本主义社会的生产模式。马尔库塞在认识与解决人类生态危机时所流露出来的生态文明思想，也构成了社会主义生态文明的理论源泉。

在20世纪70~80年代生态学马克思主义的体系化发展过程中，产生了本·阿格尔、威廉·莱易斯与安德烈·高兹等西方生态学马克思主义代表人物。在这些代表人物的生态学马克思主义思想中也包含比较丰富的生态文明思想，这些思想对生态文明理论的建构有着比较重要的借鉴与启发意义。在本·阿格尔看来，现代资本主义的发展与世界历史的变化，“已使原本马克思主义关于只属于工业资本主义生产领域的危机理论失去效用。今天，危机的趋势已转移到消费领域，即生态危机取代了经济危机”[24]。因而现代资本主义社会所面临的重要危机与社会压迫中，生态危机比经济危机更为严重，生态压迫比经济压迫更严重。资本主义社会的生态危机与生态压迫已对经济社会的可持续发展构成了严重的危害，要实行经济社会可持续发展、维护生态平衡，就需要来一场非传统意义上的革命——生态运动来执行生态命令。主张通过使现代生活分散化与非官僚化的方式来改组发达工业资本主义社会，建立一种“稳态经济”[25]或分散化、非官僚化的生态社会主义社会，是本·阿格尔最为重要的思想。本·阿格尔指出：“特定形式的分散化、非官僚化的社会主义将是培育新的生态意识的理想温床，这种生态意识的形成既可以解决生态需要又可以反对我们称为异化消费的现象。”[26]在关于当代资本主义的主要危机是经济危机还是生态危机的问题上，威廉·莱易斯与本·阿格尔的观点是基本一致的。威廉·莱易斯认为当代资本主义的社会危机主要是生态危机，并明确指出资本主义生态危机产生的直接原因是异化消费，即一种“往往只根据疯狂的消费活动来确定人的幸福”[27]的消费方式。从另一个维度讲，“异化消费是指人们为补偿自己那种单调乏味的、非创造性的且常常是报酬不足的劳动而致力于获得商品的一种现象”[28]。安德烈·高兹在分析资本主义生态危机的原因时指出，在资本主义社会中，企业对获取利润的兴趣与动机，必然会引发生态危机。在资本主义社会的生产逻辑中，生态危机是无法避免的，也是无法解决的。因此，要解决资本主义社会的生态危机以及由生态危机所引发的其他社会危机，最佳的方法就是选择比资本主义更先进的社会主义。

随着环境污染与生态危机成为全球性问题，生态学马克思主义在20世纪90年代以来获得快速发展，生态学马克思主义的一些基本观点与重要思想也得到更为广泛的传播与普遍重视。在这个生态学马克思主义快速发展的历史时期，涌现了詹姆斯·奥康纳、大卫·佩珀、约翰·贝拉米·福斯特等一批代表人物。詹姆斯·奥康纳作为这一时期的代表人物，既用生态学观点对马克思主义做了有益的补充，也对马克思主义做了生态学意义上的重构。詹姆斯·奥康纳的双重危机理论，也即经济危机与生态危机并存理论，相比于本·阿格尔与威廉·莱易斯的经济危机过时论而言，是理论上的一大进步。詹姆斯·奥康纳认为："资本主义是一个充满危机的制度。"[29]在资本主义社会中，资本积累、经济危机与生态危机三者之间存在内在联系，资本积累导致经济危机，而"经济危机导致生态危机"[30]，"生态危机有可能引发经济危机"[31]，资本积累是资本主义社会产生双重危机的根源。在资本主义社会，资本有克服资本主义经济危机的意图，但其在实现这个意图的过程中，又必然加剧其与生态的对立与矛盾，从而不断加深资本主义社会本身的危机。"资本主义的积累损害或破坏了资本本身的条件，并由此而威胁到其自身利润的获得及其生产和积累更多的资本的能力。"[32]在詹姆斯·奥康纳看来，由资本积累与资本扩张所导致的资本主义社会的双重危机，反而"使我们关于资本主义向社会主义转型的图景显得更为清晰"[33]。约翰·贝拉米·福斯特在马克思的生态学思想构建上做出重大的理论贡献。相比于伯克特在马克思的劳动价值论中发掘了马克思的生态学思想而言，约翰·贝拉米·福斯特则在马克思关于人与自然之间、城市与乡村之间的物质变换或新陈代谢关系中发展了马克思的生态学思想，并赋予了马克思的生态学思想现代性意蕴。

总的来讲，在生态学马克思主义以及生态学社会主义看来，当代资本主义与马克思恩格斯所处的资产阶级时代相比，社会已发生了巨大的变化，人们面临的不是阶级斗争而是生态危机以及由生态危机引发的人类社会发展危机。在生态学马克思主义的思维理路与理论逻辑中，资本主义社会的生态危机是由被异化的消费与资本所主导的社会生产所导致的，其产生的严重后果就是破坏了人与自然的和谐，使得双方处于激烈而又尖锐的对立与冲突中。随着资本主义生态危机的进一步加剧，生态危机问题日益成为影响人类生存和发展的全球性问题，因此很有必要从生态学或生态观念的视角来解读与反思我们所创造的“文明”，或解构建立在资本主义生产方式与交换方式之上的资本主义工业文明或资本主义文明，从而遏制过度生产与过度消费，消除人的生产与消费的异化状态，重建人与自然的和谐共生关系，建构人类文明发展的新方向与新形态。

二 社会主义生态文明建设的内在维度

生态文明建设是一项系统工程，要建设好生态文明，促进人类文明的健康发展，就需要多维度、多层次来进行。在唯物主义历史观与马克思主义文明观看来，生态文明作为一种新的文明理念与新的文明发展方式，它的建设必须要遵循自然规律、社会历史规律和美的规律，还要以人民为中心，以实现人与人之间的实质性的平等权利为目的。

（一）生态文明建设的自然维度

关于生态文明建设，有一个一般性的认识，就是认为生态文明建设的主要内容或基本内容就是保护生态环境与改善自然生态系统。这个关于生态文明建设的一般性认识，凸显了生态文明建设的一个重要维度，即自然维度。从生态学一词最初的含义来看，生态学本身就把人与自然的相互关系作为研究对象，把“自然历史”作为主要内容，对于生态与文明的结合——生态文明而言，在理解与把握它时，自然必然是一个非常重要的维度。相比于精神文明建设与政治文明建设而言，生态文明建设有着不同的内容与维度。在唯物主义历史观与马克思主义文明观关于文明内容的划分上，根据不同的划分标准，人类文明从其建设内容的角度讲，既可以划分为物质文明与精神文明，也可以划分为经济文明与政治文明。随着人们对生态环境或自然环境越来越重视，人们又在前者的基础之上提出了生态文明的范畴与理念，如今，生态文明不仅作为人类文明建设的新内容而存在，还作为一种新的文明理念正在被人们所实践。随着生态文明范畴与理念的提出，以及生态文明建设在世界范围内的展开特别是在当代中国的伟大实践，生态文明建设取得了举世瞩目的成就，但仍有许多相关问题需要解决。

虽然生态文明建设在我们这个时代得到了大力践行，但有些问题仍需要我们在学理上进行科学阐释与深入解读。例如，从人类文明基本内容的划分角度讲，生态文明与物质文明或精神文明是一种怎样的关系，它是与物质文明或精神文明不同的新的文明形式，还是只是物质文明新的表现类型与发展形式。同样，生态文明与经济文明或政治文明是一种怎样的关系，它是不是一种不同于经济文明或政治文明的文明新类型，等等。这些问题都有待在理论上做一个科学的解读。从生态文明建设的内容或对象的角度讲，生态文明仍属于物质文明的范畴，也就是说，生态文明虽然是一种新的文明发展理念与新的文明发展类型，但从物质文明与精神文明的角度讲，生态文明仍属于物质文明的范畴，而不是一种与物质文明在本质上不同的文明形式。生态文明虽然属于物质文明范畴，但不同于过去的物质文明类型，生态文明是一种建设要求更高、发展形态更先进的物质文明类型。也就是说，虽然生态文明是一种新的文明发展理念和文明发展类型，但其内核仍是物质文明，在本质上仍属于物质文明的范畴。

生态文明作为一种更高层次的、更先进的物质文明发展类型，其在建设的过程中有一个基本维度是不容忽视的，这就是生态文明建设的自然维度。生态文明建设的自然维度，既是讲生态文明建设要遵循自然规律，按照自然规律来建设，还包括保护自然环境以及改善生态环境等生态文明建设应有的重要内容与基本内涵。虽然在过去的物质文明建设中也提倡要遵循自然规律，但当物质文明建设与自然环境保护发生冲突时，人们往往以牺牲自然环境来发展物质文明。过去的物质文明建设，人们更关注的是如何把自然产品变成人工产品，从而把自然物质或自然对象变成社会财富。在这个物质形态与物质属性的转变过程中，特别是随着大工业生产或机器大生产的推广与广泛应用，大量的自然物质与自然产品被快速转变为人工产品与社会财富，在这个自然物质与自然产品向人工产品的转变过程中，在这个自然对象与天然产物转变为社会财富的过程中，呈现出来的是越来越单向度的转变与转化，即表现为天然产物向人工产品的单向度转化，或自然物品向社会财富的单向度转化，而不是二者之间良性互动与健康的双向循环与物质交换。也就是说在生态文明建设之前，自然本身并没有被纳入物质文明建设的主要内容。也正是因为如此，在过去的物质文明建设中，自然环境或生态环境往往成为物质文明建设的牺牲品。而当自然环境或生态环境再也无法做出这样的牺牲时，人类的物质文明建设也必然难以为继。因此，生态文明建设相比于旧的物质文明建设必须要有新的转变，也必须增加新的内容以满足人们对更高的物质文明建设的需要。把自然生态保护与生态环境建设纳入生态文明建设中，是生态文明建设不同于旧的物质文明建设的根本之处，也是人类物质文明建设发展到一个新的历史阶段的体现。

文明虽然代表着人类远离自然的尺度与摆脱自然束缚的力度，但人类文明本身也建立在自然与生态的基础之上，没有自然与生态，就不会有人类文明。“生态是统一的自然系统，是相互依存、紧密联系的有机链条。”[34] 人与自然是生命共同体，是一个比自然更大的生态系统，人与自然生命共同体构成了人类生存与发展的物质基础，也构成了人类文明存在与发展的物质基础。在生态文明建设中，注重自然生态保护与生态环境建设，把自然环境保护与生态环境改善和建设作为生态文明建设的重要内容与基本内容，只有这样，人类文明建设才能上升到一个新的高度。在生态文明建设中，在关于自然与文明的关系问题上，有些思想与观点仍需厘清与辨别。毋庸置疑，在生态文明建设中，保护自然环境，改善自然生态，是生态文明建设的题中应有之义，但这并不是说自然就是文明、天然生态就是文明。自然与文明或天然生态与文明，还是有界线的。一般来说，文明是人类在自身的劳动过程中或实践活动中所创造的自然界原本不存在的东西，并且这些被创造的东西还被赋予了人化与社会的属性。在生态文明建设中，纯自然的环境与天然生态或天然的产物并不属于文明的范畴，因而也不属于生态文明的范畴。但可以确定的是，人类保护自然环境与天然生态的行为，与人类建设自然环境与天然生态的行为，都属于人类文明的表现，也是生态文明建设的重要内容与重要体现。

此外，在一些自然环境恶劣、生态环境比较脆弱的地方，或是自然环境已经遭到人类行为破坏的地方，通过人的劳动将其修复与建设好了，像这样被人修复与建设好的人工自然环境或人工生态环境，已不是自在自然的范畴，而是生态文明的范畴了。因此，生态文明建设的自然维度不能只停留在自然环境或生态环境的保护上，更要着重于自然环境与生态环境的修复与建设，特别是在自然环境相对恶劣的地方，建设更好的人工自然环境或人工生态环境，是当前生态文明建设的主攻方向与重中之重。在生态文明建设中，遵循自然规律建设更适合社会发展与人的发展的人工自然环境或人工生态环境，是比仅仅停留在保护自然与天然生态层面更有意义的事情，也更能体现生态文明的实质。自然与生态环境本身是有其发展与演进规律的，但并不像人类那样具有能动性与自觉性。自然与生态环境的发展与演进是自发的，它们的自发发展与自发演进并不是按照某种目的进行的，也不一定是有利于人的发展与人类社会的进步。因此，生态文明建设一定要在遵循自然规律的前提下，通过人的能动性与创造性来控制自然与生态环境的自发状态，有利于人与人类社会的健康发展与可持续发展，也更有利于自然与生态环境的健康发展与可持续发展。

（二）生态文明建设的经济维度

生态文明建设不仅要遵循自然规律，还要遵循社会历史规律，特别是要遵循社会经济发展规律。仅仅强调保护自然，修复与改善在长期的人类经济建设中所破坏的自然与生态环境，并不是生态文明建设的唯一内容与要求，能否实现社会经济的高质量、可持续发展，是生态文明建设的重要内容与根本要求。可以说不以经济发展为目的的生态文明建设必将是不可持续的。生态文明建设与经济建设之间并不是绝对对立的关系，而是相互统一与相互促进的。生态文明建设以实现经济的高质量发展与可持续发展为目标，而经济建设要实现高质量发展与可持续发展，就必须要走生态文明建设的发展道路，必须要走绿色发展的道路，必然要走经济发展与自然生态和谐共存与相互促进的发展道路。

把生态文明建设与经济建设对立起来，并不符合生态文明建设的精神实质。以资本为主导的现代经济的发展，导致自然与生态环境遭受了前所未有的破坏，并日益影响到社会的经济生产与人们的日常生活，如果任由现有的经济发展方式进行下去的话，社会经济本身的可持续发展必然受到现有的自然环境的制约。经济发展是一个创造社会财富的过程，社会财富虽然是在人的劳动中创造的，但社会财富的创造离不开自然与生态环境，没有自然与生态环境，单一的人的劳动是无法创造社会财富的。正如马克思在《哥达纲领批判》中指出："自然界同劳动一样也是使用价值（而物质财富就是由使用价值构成的!）的源泉，劳动本身不过是一种自然力即人的劳动力的表现。"[35]自然与人的劳动，都是物质财富的源泉，也是精神财富创造的物质基础。相比于人的劳动本身，自然既是财富创造与经济发展的前提，也是其物质基础，没有这个前提与基础，就算是人再勤快、再有智慧，也必然是巧妇难为无米之炊，创造社会财富与实现经济发展，都将是一句空话。生态文明建设，既要创造社会财富，又要实现经济发展，但当创造社会财富与实现经济发展的前提和基础受到严重破坏的时候，财富创造与经济发展也必然岌岌可危。因此，在财富创造与经济发展的前提和基础已受到严重破坏的当前社会，人类还要继续创造财富，继续实现经济发展，首要的事情就是要把财富创造与经济发展赖以存在的前提和基础保护好建设好。生态文明作为经济文明的新发展与新类型，必然要改变以资本为主导的旧的经济文明的发展方式与发展道路。生态文明建设虽然要把自然环境保护好建设好，但最终目的是要把经济建设好，即要实现经济的高质量发展与社会生产力提高。习近平提出："保护生态环境就是保护生产力、改善生态环境就是发展生产力。"[36]既要保护自然环境或生态环境，又要保护社会生产力，既要改善自然环境或生态环境，又要实现社会生产力的发展，这是生态文明建设不同于过去一切旧的经济文明建设的根本地方，也是生态文明建设提出的高要求与高标准，更是对生态文明的根本目的与主要目的的生动描述。

生态文明建设以追求经济发展为主要目的，因此，在生态文明建设中，以牺牲经济发展，特别是长时期的以牺牲经济发展为代价来保护自然环境的思路必须予以更正。放弃以实现经济发展、以实现社会生产力的增长来建设生态文明的思路与做法，是不利于生态文明本身的发展的，也是不利于人类社会的可持续发展的。纵观人类历史，那些推动社会经济发展与实现社会生产力有效增长的做法更容易被人们所认可与接受。生态文明要改变的是人们以牺牲自然环境或生态环境来实现社会经济发展与社会生产力增长的经济发展方式，而不是要人们以牺牲经济发展与社会生产力增长来保护自然环境或生态环境。在当下，判断一个文明民族或文明国家生态文明建设的成效如何，绿水青山是重要的评价标准，但社会生产力是否增长，特别是是否实现了高质量增长，至少在人类社会没有进入共产主义社会的高级发展阶段之前，仍是主要的评价指数，也是最为根本的评价标准。既要绿水青山，也要经济的高质量发展，固然很难，但在二者之间二选一的思维与做法，都与生态文明建设的本质与要求不相一致。在人类社会还没有进入文明时代以前，虽然处处绿水青山，但它不是人类文明。当人类进入文明时代以后，特别是当人类进入现代工业文明时代，绿水青山遭受了巨大的破坏，给人类文明的可持续发展带来了巨大的危害，如果不加以阻止任其继续恶化的话，人类文明是有可能走向终结的。在人类文明发展中，特别是人类经济文明发展中，自然环境问题或者说生态环境问题已成为社会发展的主要问题，已是人类社会存在与发展的重大危机，这个问题现在不加以解决，这个影响人类生存与发展的危机当下不加以化解，人类文明就无法健康发展与可持续发展。在我们这个时代，环境问题、生态问题已是经济发展无法跨过去的坎，这个坎正在越变越大、越来越深。无论是从时间的角度讲，还是从其他的角度讲，自然环境或生态环境问题已成为社会经济发展的突出问题，是需要立即着手解决的紧迫问题。不把这个问题解决好，经济的可持续发展与高质量发展都将是难以实现的。保护、改善与建设自然环境或生态环境，与实现经济的高质量增长和可持续发展，可以说是生态文明建设的"两翼"，也是不可偏颇的两大内容。只有两手抓，两手都不放，我们才能把人类文明带入一个新的发展阶段与新的发展时代，才能在生态文明建设的历史进程中推动人类文明新形态的发展。

（三）生态文明建设的美的维度

"每一种文明都是美的结晶，都彰显着创造之美。"[37]生态文明作为人类文明的新发展形态，其同样是美的结晶，相比于其他文明形态或文明发展形式，其更彰显着创造之美与生态之美。对于生态文明建设而言，其不仅要遵循自然规律与社会历史规律，还要遵循美的原理或美的规律。因此，美的维度也是生态文明建设的重要维度。生态文明建设，作为人的物质生产活动，作为人改造自然界的物质实践活动，其不是像动物那样只生产自身，而是在遵循多种客观规律的条件下按照自己的目的与需要再生产整个自然界。马克思指出："动物只是按照它所属的那个种的尺度和需要来构造，而人却懂得按照任何一个种的尺度来进行生产，并且懂得处处都把固有的尺度运用于对象；因此，人也按照美的规律来构造。”[38]生态文明建设作为社会生产的重要活动，其同样要按照美的原理、遵循美的规律来建设。生态文明建设要有美的视角与美的维度，不仅要以保护与修复自然与生态环境为目的，以实现社会财富增长与经济发展为目的，同时还要以满足人们对美的需要或者说对美的追求为目的。在生态文明建设中贯彻美的原理、遵循美的规律，这是生态文明建设的基本遵循。

关于美的原理，不同的人对其有不同的理解与认识。有人从主体的角度去认识与把握，也有人从客体的角度去认识与理解，还有人从主体与客体的关系角度去解读与认识。就美而言，其本身并不是一种先于自然和人类社会的存在物，在现实生活中，美既可以通过自然展现出来，也可以通过人自身展现出来。在不同的历史时代，人对美的认识是有所不同的，但无论人们对美的认识有何不同，没有人的存在，也无所谓美的问题。美是人们在改造客观世界的物质实践活动中产生的，美既是社会生产的一部分，也是社会生活的构成元素，更是人的素养的重要内涵。在社会生产与社会生活中，人们产生了美的观念与美的理念，也从而激发了人们对美的需要与追求。美是我们认识与把握社会生产与社会生活的重要视角，也是我们从事社会生产与社会生活的重要维度。无论是从感官的层面讲，还是从心灵的层面讲，一般来说，美的东西是能够给人带来愉悦感受与快乐体验的东西，但美不是唯一给人带来愉悦感受与快乐体验的东西。社会生产与社会生活是离不开美的，它们需要在美的世界里展开。对于美而言，它既源于自然，也源于人本身，但生成于我们的现实生活。在现实世界中，我们可以通过我们的认知与理解，在各种各样的美的事物中发现美的原理与美的规律。即便是不同时代的人对美有不同的认识与理解，但关于美的不同认识并不能否定美的一般原理与美的规律的存在。无论人们如何根据自身的感受、体会以及认知来定义美，都不能否定美具有客观性。美是有客观性的，人总是从客观事物以及自身中去发现与认识美。美虽有客观性，但对美的认识又总带有人的主观性。人们对美的认识有所不同，但关于美的规律的正确认识只有一个。

在现实生活与社会生产中，我们既可以感受到美的存在，体验到美给人带来的愉悦，也可以认识与把握美的原理与美的规律。发现美的原理与美的规律，形成对美的正确认识与科学把握，我们才能更好地遵循美的规律或美的原理去生产与生活。按照美的原理或美的规律去建设生态文明，这是生态文明建设的题中应有之义，也是通过生态文明建设满足人们对美好生活需要的客观要求。美好生活不能缺少美，既不能缺少自然之美，也不能缺少社会之美。生态文明建设打造的必将是一个人与人之间、人与自然之间美美与共的世界。忽视或轻视美的维度与美的内容，生态文明建设是无法满足人们对美好生活日益增长的需要的，生态文明建设与旧的物质文明建设、旧的经济文明建设也不会存在本质上的不同。

生态文明建设，不仅要按照美的规律或美的原理来建设，还要以美的标准去评价。生态文明建设，不仅要以保护了多少自然环境、修复了多少生态环境、新增加了多少人工生态环境去评价，以社会生产力增长了多少、社会财富增加了多少去评价，还要以美的维度、以美的标准去评价，以增加了多少美的东西去衡量，以给人民带来多少美的感受去评价。在生态文明建设中，能给人带来美的享受的东西是增加了还是减少了，人们对美好生活的需要是得到更多满足了还是满足得更少了，这些同样构成了生态文明评价的重要指标体系。生态文明建设，作为物质文明建设的新发展，与旧的物质文明建设相比，不但要满足人们对衣食住用行的需要，还要满足人们对客观美的需要。重视美的原理在生态文明建设中的应用，使得生态文明建设相比于过去的物质文明建设而言，具有了更高的要求，也加大了美的标准在人类文明建设评价中的权重。同样，生态文明建设作为经济文明建设的新发展与新形态，在建设过程中不仅要考虑经济发展，还要考虑人们对美的日益增长的需要，生态文明建设既是实现社会经济高质量发展的重要载体，也是满足人们对美好生活需要与让人们过上高质量生活的重要依托。如果生态文明建设不能为人们的生活提供美的东西，依托于生态文明建设来满足人们对美好生活的需要也必将是竹篮打水一场空。在生活资料还比较丰富的今天，人们对于生活的需要不再局限于温饱，而是有了更高的向往与追求，其中对美的向往与追求就是其重要内容与更高层面。因此，要满足人们对美好生活的需要、提升人们的生活质量，生态文明建设就一定要遵循美的规律，一定要按照美的原理来建设，一定要把美的维度作为生态文明建设的重要维度、重要内涵与基本要求。只有这样，才能通过生态文明建设促使我们生活的这个世界变得更美丽，美丽中国才会有更为现实的物质基础，并成为一幅正在不断展开的、优美的现实画卷。

（四）生态文明建设的权利维度

在生态文明建设中，不仅自然维度、经济维度与美学维度是重要维度，权利维度也是重要维度。相比于自然维度、经济维度与美学维度而言，权利维度是更深层次的维度，也是容易被人们忽视的维度。生态文明建设的权利维度不仅体现在保障与实现人的权利的思想上，还体现在生态文明建设不应以损害或牺牲其他生命体的权利来保障与实现人的权利的思想上。这也告诉我们，不仅如何保障与实现人的权利是生态文明建设的重要议题，如何在保障与实现人的权利时保护其他生命体的权利，特别是保护其他生命体的生命权与生存权，同样是生态文明建设的重要议题。在生态文明建设中，如何平衡不同生命体之间的权利关系，既包括如何平衡人与人之间的权利关系，也包括如何平衡人与其他生命体之间的权利关系，还包括如何平衡人之外的其他生命体之间的权利关系。

生态文明理念，作为人类文明发展的先进理念，它的兴起不仅与社会经济发展所导致的生态危机或自然环境危机有着紧密关系，还与20世纪中叶以来人们权利思想的发展有着紧密关系。20世纪，权利思想的发展有一个非常重要的议题就是人类权利与其他生命体权利的关系问题。在不少生态文明研究者看来，生态危机或自然环境危机的产生，与在现代文明建设中以人类为中心的思想是有直接关联的，当人类在自身文明的建设中以人类自身的权利为中心时，其他生命体的权利[39]就容易被忽视，甚至为了保障和实现人类的权利而被牺牲掉。因此，为了扭转这种以人类的权利为中心的人类文明建设模式与发展方式，就必须对人类中心主义思想，也即以人类权利为中心的思想做批判。在批判人类中心主义思想的人看来，人类应该尊重其他生命体的权利，特别是其生命权与生存权，不能一味地为保障与实现自身日益膨胀的私利而牺牲其他生命体的基本权利。甚至有学者提出无论是人的权利，还是其他生命体的权利，都是平等的，都应该在社会经济发展中得到公平的对待。简而言之，就是生态文明建设应该建立在不同生命体权利平等的基础之上，也正是因为如此，不同生命体的权利平等，不仅构成了生态文明的内在价值，也是生态文明建设的重要价值基础。

从生态文明的兴起所提出的价值理念——不同生命体之间的权利

平等来看，实现不同生命体之间的生命权与生存权的平等，必然构成生态文明建设的重要内容与重要维度。但由于在不同生命体之间，只有人这种生命体具有主观能动性与创造性，因此，在生态文明建设中，如何实现不同生命体之间的生命权与生存权的平等，起决定性作用的一方是人，而不是其他生命体。但如果在现实生活中，人与人之间的权利都无法做到实质的平等，那么要实现不同生命体之间的平等，特别是人与其他生命体之间的权利平等就更是一件难以完成的事情。在马克思主义经典作家看来，在文明时代[40]，“文明每前进一步，不平等也同时前进一步”[41]，也就是说在马克思主义经典作家的理论思维中，在文明时代或文明社会，文明的进步和人与人之间不平等的加剧是同步的。在私有制与阶级存在的社会里，人与人之间的不平等是一种真实存在的状态，当人与人之间的权利平等在阶级与私有制存在的社会里变成了一种一方只履行义务而不享有权利，另一方只享有权利而不履行义务的时候，当社会的绝大多数人的生存权与发展权，甚至生命权与健康权都无法保障的时候，主张人与其他生命体的权利平等只能是一句空洞无力的口号与不切实际的理想愿景。这也告诉我们，要真正把生态文明建设好，要在现有条件的基础之上实现人与其他生命体的权利平等，首先要解决的问题是如何在实质上实现人与人之间的权利平等。如果人与人之间的平等是形式上的平等，那么人与其他生命体的权利平等也必然是形式上的。在马克思主义看来，人与人之间的不平等是阶级与私有制社会存在的必然现象，这种必然现象，既在阶级与私有制存在的社会有其产生的必然性，也在向未来社会的迈步与前进中呈现其消亡的必然性。正如阶级与私有制的存在是人与人之间不平等产生的历史根源与社会基础一样，人与人之间的不平等关系的消失也取决于阶级与私有制的消亡，用马克思的话讲，只有“随着阶级差别的消灭，一切由这些差别产生的社会的和政治的不平等也自行消失”[42]。

对于人与人之间的权利平等，绝不能脱离历史与现实来抽象地理解与把握，一定要把它放到具体的历史条件下，放到现实生活中去考察与认识。人与人之间的权利平等，既可以从一个民族或一个国家内部来认识与考察，也可以从不同民族或不同国家之间的比较来认识与分析。资本主义国家在解决其国内生态危机或自然环境危机时，往往是通过牺牲其他国家或其他民族的利益来实现的，在实际行动中，资本主义国家往往通过把造成生态危机或自然环境危机的产业转移到其他国家或地区的方式来解决自身所面临的生态危机或自然环境危机。资本主义国家这种看似聪明的做法，虽可以在短时期内使自身的生态危机或自然环境危机在一定程度上得到解决或缓解，但从长期来看，地球是一个生命共同体，资本主义国家不负责任的行为所导致的其他国家或地区的生态危机或自然环境危机早晚也会影响到资本主义国家自身。因此，不把人与人之间的平等问题解决好，人与其他生命体的平等问题也难以得到实质性解决。可以说，人类与其他生命体之间的平等问题，说到底不过是人与人之间的平等问题在人类与其他生命体之间的反映与体现。抽象地主张生态文明要放弃人类中心主义的思想，并不能有效地改变生态危机或自然环境危机，也不能保障与实现人的基本权利，更不能有效地保障与维护其他生命体的生命权与生存权。生态文明建设要保障其他生命体的生命权与生存权，先决条件就是要解决好人与人之间的权利不平等问题。虽然在现有条件下，人与人之间的实质平等仍无法做到，但追求人与人之间社会权利的实质平等，“协调增进全体人民的经济、政治、社会、文化、环境权利，努力维护社会公平正义，促进人的全面发展”[43]，也必然构成生态文明建设特别是社会主义生态文明建设的重要维度。

（五）生态文明建设的人民维度

生态文明建设的维度是多重的。在生态文明建设中，人民维度是极其重要的维度，是生态文明建设能否取得实效的关键维度，也是社会主义生态文明建设区别于非社会主义生态文明建设的重要维度。坚持生态文明建设的人民维度，就是坚持在生态文明建设中要始终以人民为中心。在生态文明建设中坚持以人民为中心，就是要在生态文明建设中“始终坚持人民立场，坚持人民主体地位”[44]。人民维度之所以是生态文明建设的重要维度，究其原因就在于，人民不仅是生态文明建设的主体，还是生态文明建设的真正依靠力量。众所周知，在唯物主义历史观的视野中，历史是人民群众所创造的，人民不仅是历史的剧作者，也是历史的剧中人。人民作为历史的剧作者，他们是历史的创造者，人民作为历史的剧中人，他们是一定历史条件下的处在一定社会关系中的人。建设人类文明，把人类文明推向生态文明时代，这是作为历史的剧作者与剧中人的现代文明人所应肩负的历史使命。也正是从这个意义上讲，“生态文明是人民群众共同参与共同建设共同享有的事业”[45]。生态文明作为人民群众共建共享的伟大事业，其建设得如何，从根本上讲就取决于广大的人民群众。离开了广大人民群众共同参与和共同建设，广大人民群众无法把生态文明建设转化为自身的自觉行动，社会主义生态文明是无法建成与实现的。

社会主义生态文明建设，不同于一般的文明建设，相比于旧的工业文明建设而言，其是一项新的人类文明建设事业，要建设好这个新事业，就离不开广大人民群众的创造性实践。只有人民的创造性实践，才能推动生态文明的发展。人民群众的创造性实践与人民的首创精神是紧密联系在一起的。建设社会主义生态文明，坚持人民主体地位，不仅要激发人民的创造性，还要尊重人民的首创精神。“中国人民是具有伟大创造精神的人民。”[46]在人类文明史上，中国人民创造了灿烂的人类文明。“今天，中国人民的创造精神正在前所未有地迸发出来，推动我国日新月异向前发展，大踏步走在世界前列。”[47]在生态文明建设的伟大征程中，中国人民又走在了全球生态文明建设的前列，引领着全球生态文明建设的前进方向。只有尊重人民的首创精神，始终发扬广大人民群众的伟大创造精神，我们才能够在社会主义生态文明建设的历史进程中创造一个又一个伟大成果，树立中国特色社会主义新时代全球生态文明建设的历史丰碑，为人类文明的前进与发展贡献我们的智慧与力量。可以说，没有人民就没有社会主义生态文明建设所创造的人间奇迹与人类伟业。

生态文明建设的人民维度，不仅强调人民是生态文明建设的主体，是推动生态文明发展的主体力量，还强调生态文明建设的成果要惠及人民，生态文明建设所取得的成果要由全体人民所共享。党的十八大以来我国生态文明建设所取得的历史性成就，都是人民奋斗的结果，社会主义生态文明寄托了人民对美好生活的向往与憧憬，其所取得的任何成就都是人民辛勤劳动与伟大智慧的结晶。在社会主义生态文明建设中，不仅要保护好已有的成果，还要确保已有的建设成果能惠及全体人民，让全体人民成为社会主义生态文明建设的受益者，不断提升人民群众在社会主义生态文明建设中的获得感与幸福感，借助社会主义生态文明建设来实现好、维护好、发展好最广大人民的根本利益，以不断提升广大人民群众在中国特色社会主义新时代建设生态文明的积极性与主动性。生态环境事关人民的福祉，与人民的幸福生活密切相关，不把生态文明建设好，不扭转生态环境恶化的趋势，人民的幸福生活就无法保障，人民对美好生活的需要就无法满足。对于广大人民群众而言，良好的生态环境是其最关心最直接最现实的重大利益，让广大人民群众受益于良好的生态环境，让广大的人民群众享有生态文明建设的成果，就是在保障人民的幸福生活，就是在满足人民的美好生活需要。人民的福祉与幸福才是生态文明建设的根本目的。

生态文明建设的人民维度，体现的是生态文明建设的立场问题。任何一种文明形态或文明发展形式，在其形成与发展中是有其立场的。马克思在论述旧唯物主义与新唯物主义的立脚点或立场时，明确指出："旧唯物主义的立脚点是'市民'社会；新唯物主义的立脚点则是人类社会或社会化的人类。"[48] "人民立场是中国共产党的根本政治立场，是马克思主义政党区别于其他政党的显著标志"[49]，也是社会主义生态文明区别于其他社会制度下的生态文明的显著标志。因此，在社会主义生态文明建设中必须坚持自身的人民立场，必须把人民立场贯彻于社会主义生态文明建设的始终，贯彻于社会主义生态文明建设工作的方方面面。社会主义生态文明建设的人民立场与人民维度，不仅彰显了社会主义生态文明的社会主义本性，还是社会主义制度的先进性在生态文明建设上的体现。在生态文明建设中坚持以人民为中心，生态文明建设才不会偏离人民立场，生态文明建设才不会与人民的根本利益背道而驰，从而才能避免生态文明建设的果实落入少数人或少数群体的手中，成为少数人或少数群体独享的人生福利。

第三章　社会主义生态文明建设的历史演进与基本经验

从我们对生态文明的当代解读与认识来看，我国生态文明建设的历史与我国社会主义建设的历史几乎是同步的。在社会主义建设过程中，生态文明建设得到了历代国家领导人的重视与践行。社会主义生态文明建设在中国的开启，从时间上可以追溯到社会主义建设的探索时期。而真正意义上把生态环境保护上升到国家社会经济发展的高度，则是从 20 世纪 80~90 年代开始的。纵观社会主义生态文明建设的历史进程，它是一个渐进发展的过程，也是一个从生态保护到全面建设生态文明的过程。总的来讲，大致经历了三个发展阶段：从生态环境保护到生态建设；从生态建设上升为生态文明建设；社会主义生态文明建设进入新时代。在社会主义生态文明建设的三个历史时期，生态文明建设在社会主义建设中的地位是不太一样的。生态文明建设在社会主义建设的不同历史时期地位的变化，反映了生态文明建设在社会主义建设中地位的不断上升，以及其价值的逐步增加，也体现了社会主义文明建设在不断地发展与进步中。在中国特色社会主义新时代，社会主义生态文明建设已成为全球生态文明建设的中国样板，总结中国特色社会主义新时代生态文明建设的基本经验，对于巩固生态文明建设成果以及进一步全面推进社会主义生态文明建设具有十分积极的意义，同时也可以为全球生态文明建设提供中国经验、中国智慧与中国方案。

一 从生态环境保护到生态建设

社会主义生态文明建设，与社会主义建设特别是与中国特色社会主义建设是紧密联系在一起的，生态文明建设贯穿于社会主义建设的始终。在社会主义建设初期或探索时期，以毛泽东同志为主要代表的中国共产党人就意识到要搞好工业、搞好社会主义建设，就必须处理好人与自然界的关系，就必须对自然界有科学把握与正确认识。在毛泽东看来，无论是革命事业，还是经济建设或社会主义建设，都要遵循科学，并把经济建设或社会主义建设本身也看作科学。经济建设或社会主义建设作为科学，就需要正确认识自然与经济建设的辩证关系，特别要对自然界有正确的认识，只有正确地认识了自然界，我们才能处理好工业建设或经济建设与自然界的关系。毛泽东指出："如果对自然界没有认识，或者认识不清楚，就会碰钉子，自然界就会处罚我们，会抵抗。"[1]要减少经济社会发展中自然界对我们的抵抗与处罚，就需要开展自然科学的研究，就需要培养一批懂得些自然科学理论的工人和农民，也要培养一批懂得些自然科学理论的党员干部，要在经济社会建设与发展中把认识自然作为一门必修课来修。毛泽东对经济建设或社会主义建设与自然界关系的认识，构成了社会主义建设初期的一个非常重要的指导思想。在某种意义上讲，毛泽东的认识与思想，可以视为在社会主义建设初期社会主义生态文明意识在中国兴起的开始。也就是说社会主义生态文明思想在新中国的产生，可以追溯到社会主义建设的探索时期。对于社会主义建设的探索时期的生态文明建设实践，塞罕坝是一个很好的例子。塞罕坝人从1962年开始通过植树造林改变塞罕坝“黄沙遮天日，飞鸟无栖树”的荒凉景象，就是一个现实而令人感动的案例。经过50多年的生态治理，今日的塞罕坝已从过去“林木稀疏、风沙肆虐的荒僻高岭，变为112万亩人工林海。这里的4.8亿棵树木，排起来可以绕地球12圈”。如今，“塞罕坝，每年为京津地区输送净水1.37亿立方米、释放氧气55万吨，是守卫京津的重要生态屏障”[2]。

改革开放的实行与推进开启了中国特色社会主义建设的新篇章，社会主义建设进入改革开放和现代化建设的新时期，我国的社会主义文明建设也开启了一个新的发展阶段。在改革开放初期与中国特色社会主义建设初期，邓小平等党与国家领导人提出建设社会主义物质文明与精神文明的重要思想[3]。在这个历史时期，党和国家领导人在建设社会主义物质文明与社会主义精神文明的同时，也非常重视社会主义生态文明建设。虽然在这个历史时期，在党的政策与文献中没有出现生态文明概念，但在社会主义生态文明建设上，我们在这个历史时期不仅有自己的长期政策，也一直以自己的行动来保护自然生态环境并践行生态文明理念。在这个历史时期，一个很重要的保护生态环境的举措就是通过立法来把植树造林制度化与法律化。1979年，在邓小平的提议下，第五届全国人大常委会第六次会议决定将每年的3月12日定为植树节。设立植树节是社会主义生态文明建设历史上的一个标志性事件。邓小平于1982年11月为全军植树造林总结经验表彰先进大会的题词指出：“植树造林，绿化祖国，造福后代。”[4]邓小平的这个题词，体现了在改革开放初期与中国特色社会主义建设初期，党和国家领导人对社会主义生态文明建设的意义与价值的生动表达与深远认识。可以说，植树造林是中国特色社会主义建设时期所开启的一项全民性的法定化的保护生态环境的活动，它不仅使生态文明理念深入人心，也为社会主义现代化建设奠定了生态环境基础。

“改革开放以后，党日益重视生态环境保护。”[5]随着社会主义现代化建设的快速发展，经济发展与自然生态环境的矛盾也变得日益突出。有些地方为了追求经济的快速发展，忽视了对自然生态环境的保护，从而使得环境污染与生态破坏日益严重。环境污染与生态问题的进一步恶化已在事实上影响着国家的环境安全与经济社会的可持续发展。在这样的历史背景下，党和国家意识到必须加强环境保护工作，以实现经济、社会和生态环境的协调发展。而要实现经济、社会和生态环境的协调发展与实施国家可持续发展战略，就必须把保护生态环境上升到国家战略与基本国策的高度，强调保护生态环境“是关系我国长远发展的全局性战略问题”[6]，“是全党全国人民必须长期坚持的基本国策”[7]。随着党和国家以及人民对生态环境保护的重视，对生态环境保护的认识也在不断深化，越来越意识到生态环境保护与发展社会生产力有着内在的、不可分割的、相互促进的关系。在这个历史时期，中央明确提出了“保护环境的实质就是保护生产力”[8]的重要观点与指导思想，并把环境意识、环境质量与国家或民族的文明程度结合起来，认为“环境意识和环境质量如何，是衡量一个国家和民族的文明程度的一个重要标志”[9]。随着党和国家对生态环境保护的重视，全国上下对生态环境的综合治理也大踏步开展起来。

要扭转生态环境进一步恶化的趋势，对已造成的环境污染与生态破坏进行治理与修复是一件刻不容缓的事情。这就意味着在社会经济发展与社会生活中，仅仅强调保护自然环境是不够的，还要对已污染的自然环境以及已破坏的生态环境进行及时修复，以免造成不可挽回的生态损失，避免已破坏的生态环境对经济社会发展造成长远的影响。保护与改善生态环境已成为这个历史时期社会主义生态文明建设的重要思路与具体路径。随着改善生态环境的理念的提出以及积极实施可持续发展战略，社会主义生态文明建设进入了由生态保护上升到生态建设的历史时期。生态建设是关系到社会经济可持续发展的重大问题，要实现经济社会的可持续发展，就绝不能走以生态环境破坏为代价的发展道路，必须走"生产发展、生活富裕、生态良好的文明发展道路"[10]。"要彻底改变以牺牲环境、破坏资源为代价的粗放型增长方式，不能以牺牲环境为代价去换取一时的经济增长，不能以眼前发展损害长远利益，不能用局部发展损害全局利益。要在全社会营造爱护环境、保护环境、建设环境的良好风气，增强全民族环境保护意识。"[11] "牢固树立人与自然相和谐的观念"[12]，形成"保护自然就是保护人类，建设自然就是造福人类"[13]的生态意识，不断在全社会大力宣传生态保护和生态建设的重要性，促进人与自然和谐发展。

在这个重要的历史发展阶段，"经过不懈努力，我们在生态环境保护和建设方面取得了不少成绩，但生态环境总体恶化趋势尚未根本扭转，环境治理任务依然艰巨繁重"[14]。更为严峻的是，随着人口增多和人们生活水平的提高，经济社会发展同资源环境的矛盾更加突出。"从长远看，经济发展和人口、资源、环境的矛盾会越来越突出，可持续发展压力会越来越大。"[15]因此，要解决这一日益突出的矛盾，必须切实加强生态环境建设与生态治理工作，必须把生态保护与生态建设纳入社会主义和谐社会建设，努力建设一个人与自然和谐相处的社会主义和谐社会。在这个重要时期，社会主义生态文明建设被视为社会主义和谐社会建设的重要途径与重要内容。从环境保护或生态保护上升到生态建设，注重生态保护与生态建设并重推进，是党和国家在社会主义生态文明建设方面的重大历史进步，也是社会主义文明建设在国家建设与国家政策层面的重大调整，反映了党和人民对于生态文明建设的重视与思想观念的重大转变。这一重大思想观念的转变，意味着社会主义生态文明建设即将迎来一个新的发展时期。

二 从生态建设到生态文明建设

随着中国特色社会主义进入 21 世纪，社会主义现代化也进入了一个新的发展阶段。可以说，21 世纪是社会主义生态文明建设的新世纪，也是全球生态文明建设的新世纪。在 21 世纪，社会主义生态文明建设将在已有的建设成就基础上迎来新的发展，社会主义生态文明建设将从生态建设进入生态文明建设。从生态建设转向生态文明建设，不仅意味着社会主义生态文明建设实现了重大的历史转变，也体现了党和国家领导人对社会主义生态文明的认识上升到了一个新的高度。社会主义生态文明建设被放到中国特色社会主义全面发展与中华民族永续发展的高度，生态文明建设与经济建设协调发展的思想已在这个历史时期被重点提出，并在此基础上进一步突出了生态文明建设在中国特色社会主义事业建设中的重要地位与作用。至此，社会主义生态文明建设已从生态保护与生态建设升格为生态文明建设。一种全新的人类文明发展理念，一种新的人类文明发展形态，也随着生态文明建设的提出，而被纳入社会主义文明建设与中华文明发展的视野与框架之中。

随着党的十七大把“建设生态文明，基本形成节约能源资源和保护生态环境的产业结构、增长方式、消费模式”[16]作为“实现全面建设小康社会奋斗目标的新要求”[17]与中国特色社会主义事业建设的重要内容，当代中国的社会主义生态文明建设正式迈入全新的发展阶段。进入21世纪以来，我国的社会主义现代工业文明建设取得了巨大成就，中国已发展为世界工厂与带动全球经济发展的火车头，已成为现代文明发展的重要典范，国家也处于从站起来、富起来向强起来飞跃的历史关键时期。在我国的现代工业文明取得巨大发展，物质文明建设、精神文明建设、政治文明建设以及社会文明建设取得巨大成就的同时，我国生态环境恶化的趋势并没有得到根本好转，在一些领域还有加重的趋势。为了给子孙后代留下一个良好的生态环境，为中华民族的伟大复兴奠定良好的生态基础，要实现经济社会的可持续发展，我们就必须转变已有的经济发展理念和旧的经济发展方式，即要对主要依靠物质投入的传统经济发展方式和外延型经济扩张模式进行变革。在这样的时代大背景之下，“党的十七大强调要建设生态文明”，并“第一次把它作为一项战略任务明确提出来”[18]。至此，社会主义生态文明建设与社会主义物质文明建设、社会主义政治文明建设、社会主义精神文明建设、社会主义和谐社会建设，一同成为国家社会发展的重要战略任务，成为社会主义文明建设的重要与基本内容。这也标志着加快社会主义生态文明建设的历史时代已经到来。

随着党的十七大以来社会主义生态文明建设的奋力推进，整个社会的产业结构、经济增长方式以及社会消费模式都将迎来新的变革。在马克思主义经典作家看来，要建设好生态文明，就必须实现社会生产方式的变革，也就是说生态文明对变革社会的生产方式与交换方式是有其历史诉求的。在生态保护与生态建设时期，强调的多是生态保护与生态建设对经济社会实现可持续发展的意义，而在生态文明建设时期，注重的则是如何调整社会的产业结构、如何实现经济增长方式的变革以及如何变革社会的消费模式来保护生态与建设生态，即把保护生态与建设生态上升到人类文明发展的高度。因此，这个时期的生态文明建设与过去的生态保护和生态建设在思路上、方法上、策略上都有很大的不同。建设生态文明相比于生态保护和生态建设而言，更是一项宏伟的人类文明建设新工程，而不是经济社会发展的辅助工程。也就是说，在党的十七大后，生态文明建设已逐渐成为社会发展的重要推动力，逐渐成为社会进一步改革的重要驱使力。

在这个历史时期，由于越来越意识到社会主义生态文明建设的重要性、必要性与紧迫性，在关于社会主义生态文明建设的认识上，形成了很多重要的思想与观点。这构成了这个时期社会主义生态文明建设的重要内容与重要成果。一是第一次对建设生态文明的实质有深刻的认识，认为“建设生态文明，实质上就是要建设以资源环境承载力为基础、以自然规律为准则、以可持续发展为目标的资源节约型、环境友好型社会”[19]。二是第一次提出了在实现全面建设小康社会奋斗目标过程中建设社会主义生态文明所要达到的具体目标。这些具体目标包括：“循环经济形成较大规模，可再生能源比重显著上升。主要污染物排放得到有效控制，生态环境质量明显改善。生态文明观念在全社会牢固树立。”[20]三是第一次明确了社会主义生态文明建设的战略任务，认为“从当前和今后我国发展趋势看，加强能源资源节约和生态环境保护，是我国建设生态文明必须着力抓好的战略任务”[21]，并把推进社会主义生态文明建设上升为“是涉及生产方式和生活方式根本性变革的战略任务”[22]。四是认识到加强生态环境保护，加快推进社会主义生态文明建设“既是转变经济发展方式的必然要求，也是转变经济发展方式的重要着力点，还是扩大内需、拉动经济增长的重要途径”[23]。五是提出了许多建设社会主义生态文明的具体途径。例如，“加快实施生态工程，强化对水源、土地、森林、草原、海洋、生物等自然资源的生态保护，继续推进天然林保护、退耕还林、退牧还草、水土流失治理、湿地保护、荒漠化石漠化治理等生态工程，加强自然保护区、重要生态功能区、海岸带等的生态保护，开展植树造林，不断改善生态环境”[24]。六是进一步认识到：“加强生态文明建设，是我们对自然规律及人与自然关系再认识的重要成果。推动形成人与自然和谐发展现代化建设新格局，是保持经济平稳较快发展、提高人民生活质量、促进社会和谐稳定的必然要求。”[25]

虽然党的十七大报告中提出了生态文明建设的目标和战略任务，并把其看作全面建设小康社会对社会发展提出的新的更高要求，但并没有明确指出生态文明建设在中国特色社会主义事业中的地位。此外，在这一社会主义生态文明建设的重要发展时期，虽然社会主义生态文明建设取得了斐然成就与重大进展，但其并没有使我国的生态环境保护以及生态文明建设发生历史性、转折性、全局性变化。随着社会主义生态文明建设的多年实践，以及党和国家对“中国特色社会主义是全面发展的社会主义”[26]的深化认识，全党全国全社会形成了一个普遍认识，“就是必须把生态文明建设放在突出地位，纳入中国特色社会主义事业总体布局，进一步强调生态文明建设地位和作用”[27]。这样才“使生态文明建设的战略地位更加明确”[28]。党的十八大报告明确指出：“建设生态文明，是关系人民福祉、关乎民族未来的长远大计。面对资源约束趋紧、环境污染严重、生态系统退化的严峻形势，必须树立尊重自然、顺应自然、保护自然的生态文明理念，把生态文明建设放在突出地位，融入经济建设、政治建设、文化建设、社会建设各方面和全过程，努力建设美丽中国，实现中华民族永续发展。”[29]随着党的十八大明确把社会主义生态文明建设纳入中国特色社会主义事业总体布局，社会主义生态文明建设也即将开启一个全面、系统、快速建设的新时代。

三 生态文明建设进入中国特色社会主义新时代

毋庸置疑，生态文明概念在党的十七大报告中的出现，以及在党的十八大报告中的地位强调，是我国社会主义生态文明建设的重大历史转折点，也是社会主义生态文明建设历史演进中的重要标志性事件。在某种意义上意味着社会主义文明建设进入了一个全新的发展阶段。但真正全面推进社会主义生态文明建设以及开创社会主义生态文明建设的新境界与新格局则是在党的十八大以后。党的十八大以来，社会主义生态文明建设进入新时代，迎来了蓬勃与快速发展的历史时代。构建社会主义生态文明体系，抓住全球生态文明建设的历史先机，引领全球生态文明建设，成为这个时期的重大任务与重要目标。至此，社会主义生态文明建设开启了全面、全方位、全过程、系统、快速建设的新时代。过去强调通过生态文明建设来为经济社会发展保驾护航，现在强调把生态文明建设注入与贯穿到经济社会发展的方方面面，把它作为社会主义文明建设的新方向与新内容，作为社会主义新文明建设的表征，同时把社会主义生态文明作为一个独立的体系来建构，作为独立的文明发展新形态来建设。在新时代，党加强了对社会主义生态文明建设的顶层设计，并把其提升到全面建设社会主义现代化的统领性地位，即以社会主义生态文明建设来统领社会主义物质文明建设、社会主义政治文明建设、社会主义精神文明建设与社会主义社会文明建设。在中国特色社会主义新时代，全面推进社会主义生态文明建设，是实现新时代社会主义物质文明建设、社会主义政治文明建设、社会主义精神文明建设与社会主义社会文明建设新发展的重要推动力量。

党的十八大以来，以习近平同志为核心的党中央加大了对生态文明建设的重视力度，重点突出了生态文明建设的历史地位，并“把生态文明建设纳入中国特色社会主义事业五位一体总体布局”[30]，进一步“把生态文明建设融入经济建设、政治建设、文化建设、社会建设各方面和全过程”[31]，并向世界庄严宣布“努力走向社会主义生态文明新时代”[32]。随着社会主义生态文明建设进入新时代，中国社会也开启了全面建设社会主义生态文明的历史阶段。在这样一个以社会主义生态文明建设为切入点与突破口来实现“五位一体”总体布局与“四个全面”战略布局的历史时代，生态文明建设被赋予了历史重任。从社会主义文明建设的历史来看，无论是社会主义物质文明建设，还是社会主义精神文明建设，无论是社会主义政治文明建设，还是社会主义社会文明建设，都取得了令人瞩目的丰硕成果与历史成就，而作为社会主义文明建设重要内容的社会主义生态文明建设，相比于其他文明的建设，显然处于落后地位，成为社会主义文明建设与社会主义现代化建设的“突出短板”[33]，也成为中国特色社会主义事业发展的短板与影响经济社会发展和民生福祉的突出问题。因此，在全面建设社会主义现代化的历史时代，实现中华民族伟大复兴的中国梦，就必须“尽力补上生态文明建设这块短板，切实把生态文明的理念、原则、目标融入经济社会发展各方面，贯彻落实到各级各类规划和各项工作中”[34]。党的十八大以来，“党从思想、法律、体制、组织、作风上全面发力，全方位、全地域、全过程加强生态环境保护，推动划定生态保护红线、环境质量底线、资源利用上线，开展一系列根本性、开创性、长远性工作”[35]。新时代的社会主义生态文明建设是一项伟大的系统工程，生态文明建设要融入与贯穿国家建设的各个方面。也就是说，在新时代，社会主义生态文明建设实质上是社会主义生态文明体系建设，是社会主义生态文明体系的全面构建与社会主义生态文明建设的全方位、全地域、全过程开展和整体推进。

在中国特色社会主义新时代，生态文明理念已深入人心，生态文明建设也进入了快车道。建设生态文明已成为中国人民与中华民族在全面建设社会主义现代化与实现中华民族伟大复兴的中国梦中所达成的共识。相比于党的十八大之前的生态文明建设成果与成效，新时代的社会主义生态文明建设取得了巨大的历史成就，也实现了社会主义生态文明建设进程的重大转折。正如习近平指出：“在生态文明建设上，党中央以前所未有的力度抓生态文明建设，美丽中国建设迈出重大步伐，我国生态环境保护发生历史性、转折性、全局性变化。”[36]新时代的社会主义生态文明建设使我国的生态环境保护发生了历史性、转折性、全局性变化，不仅意味着社会主义生态文明建设取得了历史性的、具有突破性意义的进展，也意味着社会主义生态文明建设进入新的更高的发展阶段，达到了社会主义生态文明建设的新高度、开创了新格局，社会主义生态文明建设将实现由量变到质变的转变。社会主义生态文明建设是全球生态文明建设的重要组成部分与引领力量，中国社会主义生态文明建设所发生的重大变化与取得的历史进展，必然会使全球生态文明建设发生重大变化与取得重大历史进展。在全球生态文明建设历史上，没有哪个国家像中国这样重视生态文明建设，也没有哪个国家像中国这样举全国之力来全面推进生态文明建设。中国在生态文明建设方面所取得的任何历史性的进步，都会推动全球生态文明建设的发展与进步。社会主义生态文明进入新时代，在一定的意义上讲，也意味着全球生态文明与人类文明进入新的发展阶段。

社会主义生态文明建设之所以在新时代取得了如此巨大的历史成就与重大历史进展，并使我国的生态环境保护以及生态文明建设发生了历史性、转折性、全局性变化，究其原因主要有五个方面：一是党和国家对新时代的社会主义生态文明建设的重视是前所未有的，其建设与推进的力度也是前无古人的；二是新时代的社会主义生态文明建设，是社会主义生态文明体系建设，是社会主义生态文明新形态建设；三是新时代的社会主义生态文明建设是建立在现代高科技基础之上的生态文明建设，是科技创新驱动下的生态文明建设；四是新时代的社会主义生态文明建设有马克思主义中国化的最新理论成果——习近平新时代中国特色社会主义思想的正确指导，特别是习近平生态文明思想的正确指导；五是社会主义生态文明观已在全社会范围内树立起来，已成为广大人民群众现代思想观念的重要构成部分，并已深入广大人民群众的社会生产生活中，成为广大人民群众的重要生活与发展理念。社会主义生态文明建设在新时代所取得的历史性重大进展与巨大成就，不仅为第二个百年新征程的开启奠定了坚实的物质基础、提供了良好的生态环境保障，也为实现中华民族伟大复兴的中国梦奠定了坚实的物质基础、提供了良好的生态环境保障。随着中国特色社会主义新时代社会主义生态文明建设的全面推进，社会主义生态文明建设将会取得更加辉煌的历史成就，全球生态文明建设也会迎来巨大的历史变革。

四 中国特色社会主义新时代生态文明建设的基本经验

在中国特色社会主义新时代，社会主义生态文明建设，不仅在实践中取得了重大历史性成就，在理论上也取得了重大历史性成果，并在全球生态文明建设中形成了中国样板与中国典范。因此，总结中国特色社会主义进入新时代以来社会主义生态文明建设的基本经验，不仅对于巩固已有的生态文明建设成果具有重大现实意义，对于进一步全面开展社会主义生态文明建设也具有重大现实意义。此外，总结社会主义生态文明新时代的建设经验，还可以为其他国家和地区的生态文明建设提供中国智慧、中国方案与中国力量。

在中国特色社会主义新时代，社会主义生态文明建设的重要经验就是坚持党的领导。在中国特色社会主义新时代，坚持党的领导，就是坚持以习近平同志为核心的党中央的领导。“中国共产党是领导我们事业的核心力量。”[37]没有以习近平同志为核心的党中央的有力领导、全面领导，就不会有中国特色社会主义新时代社会主义生态文明建设的巨大历史成就。中国特色社会主义进入新时代以来，社会主义生态文明建设之所以能够取得今天的伟大成就，“最根本的是有中国共产党的坚强领导”[38]，即有以习近平同志为核心的党中央的坚强领导。坚持党的全面领导，是党和国家事业发展的根本政治保证，也是社会主义生态文明建设的根本政治保证。党对社会主义生态文明建设的领导，是全面的、系统的、整体的领导。在中国特色社会主义新时代，“只要我们坚持党的全面领导不动摇，坚决维护党的核心和党中央权威，充分发挥党的领导政治优势”[39]，把党的领导落实到社会主义生态文明建设的各个方面、各个环节，就一定能够确保社会主义生态文明建设获得更加辉煌的成果，取得更加巨大的历史成就。生态文明建设是人类的千秋伟业，只有一个无私的执政党、一个没有自身特殊利益的执政党、一个始终站在人民立场与人类立场上的马克思主义政党，才能使生态文明建设朝着有利于人民和人类的方向发展。

在中国特色社会主义新时代，社会主义生态文明建设的重要经验就是坚持以习近平新时代中国特色社会主义思想为指导，特别是坚持以习近平生态文明思想为根本遵循。建设社会主义生态文明，必须要有科学理论与思想的指导，习近平新时代中国特色社会主义思想作为科学的、正确的理论，对于社会主义生态文明建设事业的发展具有指导意义。可以说，没有习近平新时代中国特色社会主义思想的正确指导，没有习近平生态文明思想这个科学的理论遵循，就没有中国特色社会主义新时代生态文明建设的历史性成就，也不可能使我国的生态环境保护在中国特色社会主义新时代出现历史性转折、扭转生态环境进一步恶化的趋势。伟大的事业需要伟大思想的指导，新时代的社会主义生态文明建设需要习近平新时代中国特色社会主义思想的指导。只有在社会主义生态文明建设中全面贯彻习近平新时代中国特色社会主义思想，坚持以习近平生态文明思想为根本遵循，社会主义生态文明建设才能在21世纪中叶得到全面发展，人与自然和谐共生的美丽中国才能建成，人与自然和谐共生的美好世界才能实现。

在中国特色社会主义新时代，社会主义生态文明建设的重要经验就是，要坚持践行以人民中心的发展思想。人民是历史的创造者，是社会物质财富与精神财富的创造者，是社会变革的决定力量，是社会发展的主导力量。发展说到底是人的发展，只有人发展了，社会才会发展，确切地讲，只有人民实现了发展，社会才真正实现了发展。践行以人民为中心的发展思想就是要把人民作为发展的主体，作为发展的力量，作为发展的出发点与落脚点。建设社会主义生态文明，一定要践行以人民为中心的发展思想，“坚持生态惠民、生态利民、生态为民，重点解决损害群众健康的突出环境问题，加快改善生态环境质量，提供更多优质生态产品，努力实现社会公平正义，不断满足人民日益增长的优美生态环境需要”[40]。人民是社会主义生态文明建设的主体与主力，人民的美好生活是社会主义生态文明建设的出发点与落脚点。“人民是党执政兴国的最大底气”[41]，也是社会主义生态文明建设能取得巨大成功的底气。社会主义生态文明建设是人民的生态文明建设，既是人民的美丽家园建设，也是人民的美好生活建设。社会主义生态文明建设的人民立场，决定着社会主义生态文明建设不是为了私人资本的可持续增值，不是为了任何利益集团、任何权势团体、任何特权阶级的私利，而是为了全体人民的幸福安康，为了全体人民的共同富裕，为了全体人民的美好生活。社会主义生态文明是时代给我们出的考卷，人民是这份考卷的阅卷人，只要我们坚持以人民为中心来建设社会主义生态文明，就一定能在中国特色社会主义新时代向人民、向历史交出一份优异的答卷。中国在社会主义生态文明建设中坚持以人民为中心的建设思想，也必然为全球生态文明建设提供借鉴。中国在社会主义生态文明建设中坚持以人民为中心的思想告诉世人，要想把生态文明建设好，就必须把生态文明建设当作民心工程。

在中国特色社会主义新时代，社会主义生态文明建设的重要经验就是坚持人与自然和谐共生。这既是社会主义生态文明建设的核心理念，也是社会主义生态文明建设的基本原则，还是社会主义生态文明建设所要达到的理想目标。生态文明建设所要构建的人与自然的关系是一种和谐共生的关系。在这种和谐共生的关系中，人不是自然的主人，自然也不是人的支配者。人与自然不是支配与被支配的关系，也不是征服与被征服的关系。人与自然和谐共生关系的建构，是离不开人的社会实践活动与生命活动的。具体来讲，人既要在自身的生产活动中构建人与自然和谐共生的关系，也要在自身的生活活动中构建人与自然和谐共生的关系，还要在自身的生命活动中构建人与自然和谐共生的关系。没有人的生产活动、生活活动与生命活动，就不会有人与自然的关系，也就当然不存在人与自然和谐共生的问题。就社会主义生态文明建设而言，其也是与人的生产活动、生活活动和生命活动交融在一起的。社会主义生态文明建设所要达到的人与自然和谐共生的境界，是人的生产的境界，人的生活的境界，也是人的生命的境界。生态文明说到底，也就是人在生产活动、生活活动、生命活动中所达到的与自然和谐共生的状态。只有坚持人与自然和谐共生，社会主义生态文明建设才能实现人类三种基本活动方式的深刻变革，人类文明建设才能真正有利于人的本质力量的健康发展。

在中国特色社会主义新时代，社会主义生态文明建设的重要经验就是坚持社会主义方向与坚定不移地走中国特色社会主义道路。“方向决定道路，道路决定命运。”[42] “中国特色社会主义道路是创造人民美好生活、实现中华民族伟大复兴的康庄大道。”[43]中国特色社会主义道路是符合中国国情的正确道路，建设社会主义生态文明一定要从中国国情出发，选择一条适合中国国情的建设道路。坚持生态文明建设的社会主义方向，坚持生态文明建设走中国特色社会主义道路，就是要坚持社会主义生态文明建设要为人民创造美好生活，就是坚持社会主义生态文明建设要以建设美丽中国与实现中华民族伟大复兴为目标。在社会主义生态文明建设中，坚持举什么样的旗、坚持走什么样的道路，决定着社会主义生态文明建设的成败。只有有利于实现中国特色社会主义共同理想和共产主义远大理想的生态文明建设，才是真正意义上的社会主义生态文明建设。生态文明建设要有利于共同理想和远大理想的实现，生态文明建设就必须坚持社会主义方向，就必须坚定不移地走中国特色社会主义道路。

在中国特色社会主义新时代，社会主义生态文明建设的重要经验就是“坚持走生产发展、生活富裕、生态良好的文明发展道路”[44]。建设社会主义生态文明，说到底就是要发展社会生产力，任何文明，无论是物质文明还是精神文明，无论是政治文明还是社会文明，都离不开社会生产力的发展。在马克思恩格斯的历史观与文明观视野中，文明从其本质的维度讲，就是社会生产力或既有的社会生产力。建设生态文明就是要通过保护生态环境来保护社会生产力，通过改善生态环境来发展社会生产力。文明的发展离不开社会生产力的发展，文明的发展过程也是一个社会生产力不断解放与发展的过程。因此，对于社会主义生态文明这个新的文明发展形态或新的文明发展类型而言，建设社会主义生态文明也是在解放和发展社会生产力。也正是因为如此，建设社会主义生态文明必然就是在走生产发展的文明发展道路。在生态文明建设中保护生产力与发展生产力，就是要满足广大人民群众对美好的物质生活与精神生活的需要。建设生态文明对于广大人民群众而言，也是在走生活富裕的文明发展道路。保护生态环境、建设良好的生态环境，是生态文明的最基本含义，对于生态文明建设而言，实现生态良好是其要达成的最基本目标。生态良好既是生产发展的可持续条件，也是生活富裕的生态基础。从这个意义上讲，建设生态文明必然要走生态良好的文明发展道路。由此可见，建设社会主义生态文明就是在走生产发展、生活富裕、生态良好的文明发展道路。

在中国特色社会主义新时代，社会主义生态文明建设的一个重要经验就是把生态文明作为一个复杂体系，作为一项伟大的系统工程来建设，需要从文化、经济、责任、制度、安全等多个方面、多个维度去建设。对于社会主义生态文明建设而言，其要构建的是社会主义生态文明体系这个伟大系统工程。社会主义生态文明体系，从其基本内容的角度讲，包括生态文化体系、生态经济体系、目标责任体系、生态文明制度体系、生态安全体系五个子体系。这五个子体系之间是相辅相成、相互促进的，缺少哪一个子体系的建设，生态文明建设的成效都会大打折扣。社会主义生态文明体系所包含的这五个子体系告诉我们，我国的生态文明建设不是单一的生态文化建设，也不是单一的生态经济建设，而是生态文化体系、生态经济体系、生态文明制度体系等五个子体系的综合与全面建设。这是我国生态文明建设在党的十八大以来能够取得历史性成就的重要经验，也构成了全球生态文明建设中国经验与中国样板的重要内容。我国把生态文明作为宏大的体系工程来建设的历史经验，对于其他国家和其他民族建设自身的生态文明有着借鉴意义。把生态文明建设作为一个庞大的体系来建设，注重全方位建设，才能事半功倍，才能大大提高生态文明建设的规模效益与集成效应。

在中国特色社会主义新时代，社会主义生态文明建设还有一个重要的经验就是强化科技创新在生态文明建设中的支撑作用，重点发展绿色技术体系，加强高科技在生态文明建设中的运用与实践。生态文明建设是建立在科技创新与绿色技术基础上的，也是高科技运用与实践的重要领域与主要方向。无论是新能源的开发与利用、污水治理，还是土地沙漠化的治理，抑或是植树造林进程的加快与植树造林质量的提升，都离不开科技创新与绿色科技发展。党的十八大以来，之所以在生态文明建设上取得了巨大历史成就，这与以习近平同志为核心的党中央对科技创新与绿色科技发展的高度重视密切相关。没有科技创新就不会有绿色革命，没有建立在高科技基础之上的绿色技术的广泛运用，就不会有生态文明建设所取得的喜人成绩。在中国特色社会主义新时代，我国生态文明建设的水平与效率的提升，就是通过科技创新与高科技运用来实现的。近些年来，智能技术，如无人机在生态保护与生态建设领域的广泛运用，例如，无人机在飞播造林中的运用，在生态保护区生态管护、巡查执法、科研监测、智能巡护、应急处置中的运用等，大大提升了我国生态文明建设的效率与水平。中国在生态文明建设中所积累的科技创新与高科技运用的成功经验，对于其他国家或地区建设生态文明具有借鉴意义，同时也为全球生态文明建设提供了有益的科技探索路径。

在中国特色社会主义新时代，社会主义生态文明建设的具体经验还包括坚持“绿水青山就是金山银山”的理念，坚持贯彻创新、协调、绿色、开放、共享的发展理念，以及环境就是民生、注重生态文化、生态道德建设等重要思想。生态文明建设既是文明建设，也是民生建设，只有把生态文明建设同人民的福祉与健康联系起来，才能真正把人与自然建设成为生命共同体。生态文明建设事关人类的未来，每个国家、每个民族都应在自身力所能及的范围内，尽自身最大的努力来推动建设它。没有世界各国人民的共同努力，仅仅依靠少数国家和地区是无法把全球生态文明建设好的。中国在生态文明建设方面的重要经验与成功模式，特别是那些具有世界历史意义的一般经验与实践模式，是可以为世界上其他国家和地区的生态文明建设提供借鉴的。中国政府对生态文明建设前所未有的重视，中国人民对生态文明建设前所未有的看重，特别是在中国共产党的领导下，中国人民在生态文明建设过程中的创造性实践与不断创新的精神，也是全球生态文明建设的有益借鉴。

第四章 “绿水青山就是金山银山”：社会主义生态文明建设的财富理念

建设社会主义生态文明，不仅要实现社会生产力的高质量发展，还要对现存的财富观念进行变革。“两山”理念[1]指的就是习近平提出的“绿水青山就是金山银山”的理念。“两山”理念作为习近平生态文明思想的重要理念与基本命题，对于中国特色社会主义新时代我们建设生态文明与实现经济的高质量发展都具有重要的理论指导意义与现实价值。“两山”理念把“绿水青山”看作财富本身而不是生产财富的工具或手段，把“绿水青山”视为“金山银山”来保护与建设的思想，包含了新的财富观念。“两山”理念所包含的新的财富观念是与社会主义生态文明的本质相一致的，它为社会主义生态文明建设的财富创造提供了新的指引，也是社会主义生态文明建设的重要遵循。此外，“绿水青山就是金山银山”所隐含的新的财富创造原则，也构成了社会主义生态文明建设在财富创造过程中所要遵循的重要原则。

一 建设生态文明需要变革现存的财富观念

在唯物主义历史观与马克思主义政治经济学看来，财富观念并不存在于人类历史的所有发展阶段，人类在其经济生活的发展历程中经历了从无财富观念到有财富观念的发展过程。人的财富观念是人类社会发展到一定历史阶段的产物，是人类社会的生产力发展到一定历史时期的产物。财富观念的产生与私有制的产生是同步的，从某种意义上讲，没有私有制的产生，就没有人的财富观念特别是私人财富观念的产生。人类曾经在很长一段历史时期内是没有财富意识与财富观念的。在原始社会时期，生产力极其低下，产生了与其相适应的原始土地公有制，这决定着在这样一个历史时代，任何个体都无法独立在自然界中长期存活，人不得不依靠其他人以集体方式形成了一种狭隘的生产共同体和生活共同体。对于生活在这种自然形成的狭隘的共同体中的个体来说，其并没有产生财富观念的物质基础与历史条件。在原始社会，人没有权利与义务观念，也没有财富观念。但到了原始社会晚期，随着生产力一定程度上的提升以及物质生活资料的剩余，随着个人占有生产资料的物质条件逐渐具备，随着氏族或部落这个共同体所创造的财富不断增加，人的财富观念（私有财富观念）开始萌芽，并随着社会生产力的进一步发展而不断形成与发展。随着原始社会的瓦解，在“财富被当做最高的价值而受到赞美和崇敬”[2]的时候，人类社会的财富观念逐渐形成并得以强化。但有一点需要指明的是，虽然在原始社会人们还没有形成真正的财富观念，但人类社会的财富创造历史则与人的劳动历史一样长久。也就是说人类创造财富的历史是要长于人类拥有财富观念的历史的。但在原始社会初期，人类所创造的财富是十分有限的，不仅数量少，而且形式也较单一。“直到野蛮时代低级阶段，固定的财富差不多只限于住房、衣服、粗糙的装饰品以及获得食物和制作食物的工具：小船、武器、最简单的家庭用具。”[3]在野蛮时代的高级阶段，财富的形式相比于其低级阶段而言有了很大的改变，并且在这个历史时期，氏族所有的财富开始逐渐转归家庭私有，特别是一些新的劳动工具转归为家庭私有。这种财富占有形式的变化以及财富性质的转变，是人们财富观念产生与形成的重要历史条件。

当人类社会进入私有制社会或文明时代以后，人们的财富观念才真正形成。人的财富观念是与私有制的产生紧密联系在一起的，其随着私有制的产生而产生，也随着私有制的发展而不断发展与变化。私有制的产生是与社会大分工以及劳动生产率的提升密切相关的。“第一次社会大分工，在使劳动生产率提高，从而使财富增加并且使生产领域扩大的同时，在既定的总的历史条件下，必然地带来了奴隶制。从第一次社会大分工中，也就产生了第一次社会大分裂，分裂为两个阶级：主人和奴隶、剥削者和被剥削者。”[4]在私有制社会中，不同历史时期的人对财富的理解与把握有所不同，财富在不同的历史时期的表现形式与其所涵盖的内容也有所差别。在私有制社会的初期，像石头、贝壳与羊等，都曾经充当过财富的表现形式或财富衡量的尺度，在奴隶社会，作为奴隶而存在的人，也被视为财富的表现形式与其所涵盖的内容。随着金银被固定地充当一般等价物，也即金银作为商品交换的媒介——货币而存在的时候，金银就自然而然地成为“财富的社会表现”[5]与“财富的随时可用的绝对社会形式”[6]，成为衡量社会财富的尺度，也成为财富的代名词。随着私有制与商品经济的进一步发展，充当货币的交换价值手段的纸币开始出现，并在商品经济社会中逐渐取代金银等金属货币成为衡量社会财富的尺度，成为人们心目中的财富形式与财富象征。但不管私有制社会如何发展，金银作为财富的表达形式与其所涵盖的内容，从未发生过真正的动摇，直到现在人们依然把其视为财富本身，对它充满占有的欲望。

在现代经济社会中，财富所涵盖的范围在不断扩大，凡是能够在市场上交换并能够被赋予一定价格形式的事物，都被视为财富或财富的表现形式。在现代经济社会中，无论财富所涵盖的范围是否拓展了，社会衡量财富仍然是以货币或货币的代替形式——纸币作为计价形式。也正因为如此，金钱成为现代经济社会衡量一切的尺度，金钱被赋予了财富的属性并成为财富的象征与计价的依据。当私有制社会演进到其最后而又最完备的表现形式——资本主义社会时，金钱就成为社会衡量一切的标准与尺度。在马克思恩格斯看来，在资本主义社会，“人和人之间除了赤裸裸的利害关系，除了冷酷无情的‘现金交易’，就再也没有任何别的联系了”[7]，甚至过去表现为温情脉脉的家庭关系，在资本主义社会也“变成了纯粹的金钱关系”[8]。在私有制社会中，当货币被用于购买劳动力而从事雇佣劳动以生产剩余价值时，以货币形式存在的金钱就蜕变为资本，成为以追求剩余价值最大化为最终与最根本目的的资本家的一种财产，并成为资本主义社会“普照的光”与支配一切的经济权力。当资本越来越成为资本家个人财富保值与增值的手段时，资本也越来越成为人们向往与追求的东西。在资本主义的生产方式与交换方式下，在资本主义社会的剩余价值的生产中，在资本生产资本的财富创造游戏中，资本家们开启了为追求剩余价值最大化或为了追求资本家个人财富最大化而不惜以牺牲自然生态环境为代价的资本积累进程与财富创造运动。在这个资本主义生产方式的绝对规律中，任何自然物、任何自然形式的“财富”，都被当作资本家个人财富获取与积累的途径与手段，绿水也罢，青山也罢，只要能实现个人财富的保值与增值，只要有利于转化为个人财富与私人资本，就值得牺牲与破坏，而不用去思考后果。究其原因就在于，在资本所主导的社会财富的创造中，绿水青山本身并没有被当作财富本身，而只是实现财富的手段与工具，只是私人资本积累的手段与工具，绿水青山成为资本主义生产方式下的牺牲品。

人自诞生以来，就开启了征服自然的历史进程，随着人的欲望与需求的增加，特别是随着人对自然支配力的增强，在私有制社会里，人们逐渐加大了对自然的掠夺与占有。在资本主义社会以前，也即在大工业生产以前，由于社会的生产力并没有实现质的发展，社会生产力还没有实现几何指数的提升，人们对自然环境或生态环境的破坏还维持在一定的程度上。只是到了资本主义社会与资本主义工业文明时代，机器的使用与普及，资本家对剩余价值最大化的追求，人类对自然的征服与开发进入一个新的历史阶段。在这个发展阶段，社会对自然的掠夺与占有就变得更加肆无忌惮了。当绿水青山成为资本生产资本的手段时，绿水青山对于人的生存与发展的价值必然要小于或让位于资本的保值与增值。因此，要保护好绿水青山、要建设好生态文明，就必须对现存的社会财富观念进行变革，尤其是对以资本为中心、以金钱为中心的财富观念进行变革。如果我们在生态文明建设与实现经济高质量发展的历史进程中无法使现存的财富观念革命化，不实际地反对并改变现存的财富观念，不与旧的财富观念实行决裂的话，生态文明建设是很难取得实质性进展的，在实现经济高质量发展的过程中也必然会遇到巨大的思想阻碍。可以说，建立在资本主义生产方式与交换方式基础上的社会财富观念，是当今世界生态危机或环境危机的重要推手，也是生态危机和环境危机存在的重要原因。在资本主义社会，资本家财富的增长，既“同他榨取别人的劳动力的程度和强使工人放弃一切生活享受的程度成比例的”[9]，也同他对自然环境或生态环境的破坏与损害程度成比例。由资本主义生产方式与财富创造所导致的自然环境破坏与生态危机，是资本家财富增长与资本主义社会财富发展的必然产物。

改变现有的社会财富观念，培养与树立一种与生态文明建设相适应的社会财富观念，是生态文明建设的重要精神条件与思想观念保障。正如习近平所指出："绿水青山就是金山银山。"[10] 人们的社会财富观念，虽然归根结底是由社会的生产方式与交换方式所决定的，但社会财富观念对经济建设以及经济文明建设具有不可忽视的作用。当以金钱为主导的社会财富观念主导着人们的经济行为与社会交往时，人与人之间的关系，也必然会打上金钱的印记，甚至演变为一种纯粹的赤裸裸的金钱关系。当人与人的关系演变为一种纯粹的金钱关系时，人与自然的关系会被打上金钱的印记，自然也会被人赋予金钱的属性，成为人们获得社会财富或金钱的对象，成为人可以随意处置的天然财物。因此，在这样一种财富观念的主导下，在社会生产力及科学技术不发达的情况下，自然必然成为经济社会发展的附属品与牺牲品，人对自然的改造能力就演变为人把自然转变为社会财富与金钱的能力，在这种转变中，自然就成了满足人的贪婪欲望的牺牲品，成了社会经济发展可以随意牺牲的对象。因此，要建设好生态文明，就需要转变人们的财富观念，特别是转变人把金钱作为唯一或主要评价标准的社会财富观念。不转变现有的社会财富观念与人生价值金钱化的评价标准，不改变人们对社会财富的金钱化或货币化理解，作为人类文明的新发展的生态文明建设必将困难重重。从社会主义生态文明本身的角度讲，建设社会主义生态文明就需要对存在于资本主义工业文明社会并与资本主义工业文明社会的生产方式与交换方式相一致的财富观念进行变革与终结。变革社会财富观念，构建一种与生态文明的本质要求相一致的财富观念，是生态文明建设的内在要求，也是社会主义生态文明建设能够取得历史性成就的重要精神法宝。

二 “绿水青山就是金山银山”蕴含着新的财富观念

“绿水青山就是金山银山”这一重要生态文明理念与经济发展原则的提出，有一个历史生成与思想发展的过程。2003 年 8 月 8 日，习近平指出：“像所有的认知过程一样，人们对环境保护和生态建设的认识，也有一个由表及里、由浅入深、由自然自发到自觉自为的过程”[11]，同时指出人们对环境保护和生态建设的认识有三个阶段，其中第一个认识阶段就是：“‘只要金山银山，不管绿水青山’，只要经济，只重发展，不考虑环境，不考虑长远，‘吃了祖宗饭，断了子孙路’而不自知”[12]。这个论述应该是习近平第一次同时提到“绿水青山”与“金山银山”。而把“绿水青山”视为“金山银山”是 2005 年 8 月 15 日习近平担任浙江省委书记视察浙江安吉余村时提出的。在浙江安吉余村提出这个即将深刻改变人们财富观念的新理念之后，习近平于 2005 年 8 月 24 日提出：“我们追求人与自然的和谐，经济与社会的和谐，通俗地讲，就是既要绿水青山，又要金山银山”[13]。2006 年 3 月 23 日，习近平又对“两山”之间的内在关系做了进一步的阐述。习近平认为：“这‘两座山’之间是有矛盾的，但又可以辩证统一。可以说，在实践中对这‘两座山’之间关系的认识经过了三个阶段：第一个阶段是用绿水青山去换金山银山，不考虑或者很少考虑环境的承载能力，一味索取资源。第二个阶段是既要金山银山，但是也要保住绿水青山，这时候经济发展与资源匮乏、环境恶化之间的矛盾开始凸显出来，人们意识到环境是我们生存发展的根本，要留得青山在，才能有柴烧。第三个阶段是认识到绿水青山可以源源不断地带来金山银山，绿水青山本身就是金山银山，我们种的常青树就是摇钱树，生态优势变成经济优势，形成了一种浑然一体、和谐统一的关系。这一阶段是一种更高的境界，体现了科学发展观的要求，体现了发展循环经济、建设资源节约型和环境友好型社会的理念。以上这三个阶段，是经济增长方式转变的过程，是发展观念不断进步的过程，也是人与自然关系不断调整、趋向和谐的过程。"[14] 2013 年 9 月，习近平在哈萨克斯坦纳扎尔巴耶夫大学回答学生提问时，当着全球诸多媒体对绿水青山与金山银山的辩证关系作出了清晰而全面的阐述："我们既要绿水青山，也要金山银山。宁要绿水青山，不要金山银山，而且绿水青山就是金山银山"[15]。随着习近平对"两山"理念的科学解读与深刻认识，以及把其上升到发展理念的高度，这个理念所蕴含的辩证统一的新思想与新观念日益引起人们的重视，并得到了人们的推崇与认可，成为人类文明发展与经济社会建设的新理念、新思想。

"绿水青山就是金山银山"的理念，是社会主义生态文明观的核心理念与基本思想，也是习近平生态文明思想的重要内容与核心理念。树立"绿水青山就是金山银山"的理念，是社会主义生态文明建设的内在要求，也是社会主义生态文明建设要遵循的重要原则。社会主义生态文明观与其他形形色色的生态文明观相比，在核心理念与基本思想上有很大不同。可以说，一种生态文明观蕴含着一种财富观念，不同性质的生态文明观所蕴含的社会财富观念也必然有本质上的差异。与其他的生态文明思想或生态文明理论相比，社会主义生态文明观所蕴含的财富观念，不仅是新的，还是相对先进的。而社会主义生态文明观所蕴含的新的先进的财富观念就集中体现在“绿水青山就是金山银山”这个理念中。“绿水青山就是金山银山”，作为社会主义生态文明观的核心理念与基本思想，蕴含着一种与过去的旧财富观念不同的新财富观念，它是社会主义生态文明观所要倡导与践行的新的财富观念的重要体现。在唯物主义历史观与马克思主义政治经济学的视域中，人类财富的创造或社会财富的创造，既离不开人的劳动，也离不开自然。“劳动是生产的主要要素，是‘财富的源泉’，是人的自由活动。”[16]但劳动创造财富，离不开自然，离不开绿水青山。没有绿水青山，财富创造就失去了其物质基础与物质源泉，不与自然发生关系的纯粹劳动是创造不了社会财富的。劳动不是社会财富的唯一源泉，自然界也不是社会财富特别是物质财富的源泉。“劳动和自然界在一起才是一切财富的源泉，自然界为劳动提供材料，劳动把材料转变为财富。”[17]在私有制社会中，社会财富是在生产力与自然的对抗中形成的，也是在生产力与自然的对抗中发展的。也就是说在私有制社会中，财富增长的背后是社会生产力对自然的一次次胜利与占有，也是以自然环境或生态环境一次次被破坏与损害为代价的。要使人类的财富创造能够继续下去，就必须改变人与自然的长期对抗状态，就必须改变生产力与自然的对抗关系，走一条人与自然和谐共生的人类社会财富创造之路，走一条生产力发展与自然和谐共生的人类社会财富创造之道。

“绿水青山就是金山银山”所蕴含的新的财富观念，与工业文明社会所存在的主流财富观念和核心财富观念有着本质的不同，特别是与资本主义工业文明社会的主流财富观念和核心财富观念有着本质的不同。在工业文明社会中，特别是在资本主义工业文明社会中，其财富观念不仅是单一的而且是片面的。在资本主义工业社会或资本所主导的工业文明社会中，财富观念的单一性与片面性不仅体现在财富衡量尺度的单一性与片面性，更体现在追求财富目的的单一性与片面性。在马克思主义经典作家看来：“财富，财富，第三还是财富——不是社会的财富，而是这个微不足道的单个的个人的财富，这就是文明时代唯一的、具有决定意义的目的。”[18]这是恩格斯在《家庭、私有制和国家的起源》中的重要论述。从恩格斯这个关于财富认识的重要论述我们可以知道，文明时代的财富观是以单个的个人的财富为核心，也以单个的个人的财富为唯一追求。由此可见，在文明时代的财富观中，在个人的财富追求中，社会的财富是被排除在外的，自然财富与生态财富更不在其视野中。因此，文明时代的财富观所展现出来的单一性与片面性是不言而喻的。这里不得不说的是，在马克思恩格斯的历史观与文明观中，文明时代包含资产阶级时代，即资本主义工业文明时代。因而，作为文明时代重要发展时期的资产阶级时代与资本主义工业文明时代，其财富观念也必然具有单一性与片面性。在唯物主义历史观看来，在资本主义社会与资本所主导的工业文明时代，金钱是衡量财富的唯一尺度，也是财富的唯一表征与计量单位。在资本主义工业文明社会中，任何财富都被赋予金钱的色彩，被打上了金钱的印迹。事实上，这种单一的、片面的财富观，是现代文明社会环境污染与生态危机产生的主要原因之一。资本主义生产方式与交换方式以及建立在其上的与之相适应的单一的、片面的财富观对自然环境或生态环境的破坏，就是在破坏一切财富的重要源泉——自然界或其意象表达——绿水青山。在资本主义社会，一边是财富在资本家手中积累得越来越多，一边是自然环境受到破坏与损害，生态危机越来越严重。这就是资本主义社会财富增长的现实画面，也是资本主义社会私人财富增长与资本积累的历史演绎。

相比于文明时代的财富观以及资本主义工业文明时代单一与片面的财富观而言，“绿水青山就是金山银山”所蕴含的新的财富观念是一种综合财富观念，是一种辩证财富观念，也是一种与社会主义本质相一致的新的、先进的财富观念。在这种新的、先进的财富观念看来：“绿水青山既是自然财富、生态财富，又是社会财富、经济财富。”[19]因此，“绿水青山就是金山银山”这个先进理念所蕴含的新的、先进的财富观念，是自然财富与社会财富辩证统一的财富观念，是生态财富与经济财富辩证统一的财富观念，也是物质财富与精神财富辩证统一的财富观念。这种新的、先进的财富观念，从其实质来讲，是社会主义本质与社会主义生态文明本质在财富观念上的体现与反映。这种新的、先进的财富观念所体现的双重辩证统一实现于社会主义生态文明建设中，也整体地蕴含于社会主义生态文明观以及“绿水青山就是金山银山”的重要理念中。在社会主义生态文明建设与全球生态文明建设中，如不用社会主义的综合财富观念与辩证财富观念去取代资本主义社会单一的、片面的财富观念，无论是社会主义生态文明建设，还是全球生态文明建设，都是难以取得实际效果的，也无法从根本上解决人类社会所面临的日益严重的生态危机和可持续发展难题。只有坚持“绿水青山就是金山银山”的新财富理念，我们才能在保护生态环境与建设生态文明的过程中，实现物质财富与精神财富、自然财富与社会财富、生态财富与经济财富的健康与可持续增长。

三 社会主义生态文明建设需要新财富理念的指引

不同的历史时代，人们的财富观念是不一样的，财富的具体表现形式是不一样的，人们创造财富的方式也是有所革新与发展的。生活在一定历史时代的人们总是受到其所处的历史时代的财富观念的影响，这种影响不仅表现在思想上，也体现在行为中。在社会生产与现实生活中，人们创造什么样的财富，总是受到他们所处的历史时代的财富观念的指引。一个社会的财富观念，归根结底是由这个社会的财富创造活动以及创造方式所决定的。但一个社会的财富观念一旦形成，其又会反作用于社会的财富创造活动，也会要求对现存的财富创造方式进行变革。新的财富创造活动会产生新的财富观念，新的财富观念会指引新的财富创造活动。随着社会主义生态文明进入新时代，人民对生态文明建设的财富创造提出了更高更新的要求。在中国特色社会主义新时代，需要一种与之相适应的新的、先进的财富观念来指引社会主义生态文明建设中的财富创造与财富分配。从财富分配的角度讲，追求社会公平正义与实现全体人民共同富裕是社会主义生态文明建设所要实现的重要目标。

社会主义生态文明建设，作为全球生态文明建设的典范与引擎，作为人类文明新形态建设的基本内容与子系统，其与已有的资本主义工业文明的财富创造方式是有着根本性区别的。相比于资本主义工业文明的财富创造而言，社会主义生态文明建设不是单一的个人的财富的创造过程，也不是为了“财富在私人手里的积累”[20]，而是自然财富、生态财富、社会财富、经济财富的综合创造过程，是“要创造更多的物质财富和精神财富以满足人民日益增长的美好生活需要”[21]的过程。社会主义生态文明建设在财富的创造过程中，不以金钱作为唯一标准来计价财富，不是为少数人创造财富，更不是为了资本家个人财富的增长。不同财富理念指导下的人类文明建设，其创造财富的目的与方式是不一样的，其对财富创造的理解与认识也是不一样的。社会主义生态文明建设想要取得令人满意的成果，就需要有新的、先进的财富观念的指引。只有在与社会主义本质相一致的新的、先进的财富观念的指引下，社会主义生态文明建设才会为中国人民与世界人民创造出更多、更好的物质财富和精神财富、自然财富与社会财富、生态财富与经济财富。社会主义生态文明建设是为绝大多数人创造财富、为全体人民创造财富，也是为全人类创造财富。建设社会主义生态文明，着力保护绿水青山，就是在保护与发展社会生产力，而保护与发展社会生产力，就是为了源源不断地创造财富。

在中国特色社会主义新时代，建设生态文明，就要以马克思主义生态文明观或者说社会主义生态文明观与习近平生态文明思想为指导，把“绿水青山就是金山银山”这个先进理念以及其所蕴含的新的、先进的财富观念贯穿于社会主义生态文明建设的全过程。在生态文明建设与实现经济高质量发展的过程中，我们只有把绿水青山看作财富本身，看作具有感性确定性的“金山银山”，我们才会保护好绿水青山，保护好和建设好与我们的生存息息相关的自然环境与生态系统。只有我们不把绿水青山视为实现个人财富保值增值的手段时，绿水才能常绿，青山才能常青。作为财富本身而存在的绿水青山，它们是人类存在与发展中最为重要的财富之一，保护好它们就是在保护人类财富以及人类自身，建设好它们就是在创造人类财富与人类文明。过去我们为了实现传统意义上的财富增长与经济快速发展，导致绿水青山不断遭到破坏。现在，在新的、先进的财富观念的指导下，我们在追求社会经济高质量发展与满足人们对美好生活的需要的过程中，一定要将绿水青山视为财富本身，把它们当作金山银山来保护与建设，不断推进人类社会的发展与人类文明的进步，从而为我们的子孙后代留下宝贵的自然财富与生态财富，留下宝贵的社会财富与经济财富，留下更多的物质财富与精神财富。正如习近平指出："保护生态环境就是保护自然价值和增值自然资本，就是保护经济社会发展潜力和后劲，使绿水青山持续发挥生态效益和经济社会效益。"[22]在社会主义生态文明建设中，"树立和践行绿水青山就是金山银山的理念"[23]，就是要"让绿水青山源源不断地带来金山银山"[24]，不断地为广大人民群众创造经济财富与社会财富，特别是为贫困地区的人民群众带来更多的经济财富与社会财富。"对许多贫困地区来说，最大的资源就是生态资源，最大的优势就是生态优势，深挖绿水青山这座富矿，才能尽快摆脱贫困、实现小康。数据显示，依托森林旅游，全国有110万建档立卡贫困人口年户均增收3500元。全国通过发展旅游实现脱贫的人数占脱贫总任务的17%~20%，越来越多的贫困群众吃上旅游饭，过上好日子。端稳端好绿水青山这个'金饭碗'，我们的脱贫攻坚成果将更加巩固、更可持续。"[25]

财富的创造是离不开绿水青山的。绿水青山是财富创造最为根本的物质基础，是任何物质财富的物质根源，是任何精神财富的物质载体。没有绿水青山，没有自然界，人类既不能创造财富，也不能创造文明。人类的财富创造应是一个永续的过程，而不是短期的图利行为，更不是一次性的买卖。在财富创造的过程中，毁了绿水青山，最终也必然断了人类的生财之道。正所谓"留得青山在，不怕没柴烧"，同样，留得绿水青山在，就无须担忧人类文明的发展与人类自身的发展。社会主义生态文明追求的是财富创造的可持续性和财富创造的综合平衡。绿水青山不是哪个人的私产，而是全体人民的公产，也不是私人财富，而是全人类的共有财富。对于人类文明的可持续发展而言，守住了绿水青山，就是延续了人类文明，也是为财富创造提供了永不枯竭的物质资源。对于人类财富的创造而言，保护绿水青山，就是为财富创造提供源源不断的活泉。把“绿水青山就是金山银山”所蕴含的新财富理念作为中国特色社会主义新时代生态文明建设的指引，是社会主义生态文明建设的必然要求，也是其所要坚持与遵循的基本理念。在社会主义生态文明建设中，只有坚持把“绿水青山就是金山银山”作为财富创造的根本遵循，才能实现自然财富与社会财富的有机统一，才能实现生态财富与经济财富的有机统一，才能实现物质财富与精神财富的有机统一。社会主义生态文明是新的人类文明发展形态，其本身也蕴含着人类财富观念的变革与财富创造方式的革新。

四 社会主义生态文明建设需要遵循新的财富创造原则

“绿水青山就是金山银山”不仅蕴含新的财富理念，也包含新的财富创造原则。社会主义生态文明建设不仅是新的人类文明发展形态建设，也是人类财富创造的新方式与新途径。在社会主义生态文明建设中创造财富，既需要新的财富理念指引，也需要遵循新的财富创造原则。对于社会主义生态文明而言，其创造财富的新原则，就隐含在“绿水青山就是金山银山”这个生态文明建设的新财富理念之中。绿水青山所隐含的新的财富创造原则主要有三个，即财富综合创造原则、财富辩证创造原则、财富创造始终为了人民原则。

“绿水青山就是金山银山”所蕴含的综合财富观念，需要社会主义生态文明建设遵循财富综合创造原则。财富综合创造原则是指财富创造不能遵循某种单一的财富创造原则，而是既要在物质财富创造过程中重视精神财富创造，也要在精神财富创造过程中注重物质财富创造，要把物质财富创造与精神财富创造视为一个综合创造过程。同样，在经济财富创造过程中注重生态财富创造，在生态财富创造过程中注重经济财富创造，把生态财富创造和经济财富创造视为一个综合创造过程。在自然财富创造的过程中注重社会财富创造，在社会财富创造的过程中注重自然财富创造，把自然财富创造与社会财富创造视为一个综合创造过程。只有在社会主义生态文明建设中，坚持财富综合创造的原则，社会主义生态文明建设的财富创造才能具有可持续性与高质量。社会主义生态文明建设所遵循的财富综合创造原则，与工业文明社会，特别是资本主义工业文明社会中财富创造的单一原则，也即以经济财富为单一的财富创造或以有利于私人资本的保值与增值为原则是有根本区别的。在这样的财富创造原则指导下，自然资源与生态环境其本身所具有的自然价值往往会被转化为单一的经济价值，自然资本的增值也往往转变为私人资本的增值。这种单一财富创造原则，是无法长期维持的，究其原因就在于其必然损害财富的自然源泉，无法保障财富创造的可持续性。经济财富创造的可持续性离不开自然资源与良好的生态环境，一旦自然资源枯竭或生态环境遭到破坏，经济财富的自然源泉就不存在了，经济财富的创造也就难以为继了。这也告诉我们，在社会主义生态文明建设中，单一财富的创造是不符合社会主义生态文明所追求的新的财富创造理念及其隐含的财富综合创造原则的。

“绿水青山就是金山银山”所蕴含的辩证财富观念，需要社会主义生态文明建设遵循财富辩证创造原则。财富创造作为人的实践活动，也是要遵循辩证法的，对于人类社会而言，财富创造本身就是一个辩证发展的过程。财富辩证创造原则是指在财富创造过程中，要有辩证思维，要理解物质财富与精神财富之间的辩证关系，要意识到经济财富与生态财富在一定的历史条件下是可以相互转化的，要认识到自然财富与社会财富是辩证发展的。就拿自然财富来说，良好的生态环境就是巨大的自然财富，也是可持续创造的自然财富。从自然财富与社会财富的辩证关系来讲，自然财富是社会财富的自然源泉与物质基础，没有自然财富就没有社会财富。社会财富虽然是人在自身的劳动中创造的，但人创造社会财富是离不开自然财富的，人就是通过自身的劳动作用于自然来创造社会财富的。一般来说，凡是打上了人的劳动印迹的自然财富，就会转变为社会财富。也正是从这个意义上来讲，自然财富越丰富，人越勤劳，创造的社会财富就越多。但如果在创造社会财富的过程中，人们不去保护自然、改善自然与建设生态环境，自然财富就会慢慢枯竭，从而使人最终丧失创造社会财富的自然源泉与物质基础，也丧失社会财富创造的可持续能力。理解了自然财富与社会财富的辩证关系，就可以理解生态财富与经济财富的辩证关系。从另一个维度来讲，自然财富与社会财富的辩证关系可以表现为生态财富与经济财富的辩证关系。对于人类而言，良好的生态环境就是取之不尽用之不竭的生态财富，而取之不尽用之不竭的生态财富，也为经济财富创造提供了源源不断的经济价值。正如习近平所指出的那样：“良好生态本身蕴含着无穷的经济价值，能够源源不断创造综合效益，实现经济社会可持续发展。”[26]财富辩证创造原则，是社会主义生态文明建设应该遵循的重要原则，只有遵循财富辩证创造原则，社会主义生态文明建设才能取得实质性的成就，才能真正为人民的美好生活奠定坚实的基础。“以山西为例，该省围绕自身生态环境做起绿色发展大文章。在山西右玉，林木绿化率从0.26%增至56%，不毛之地变成塞上绿洲，生态牧场、特色旅游鼓起村民‘钱袋子’。在山西汾阳贾家庄村，曾经的村办工业厂区转型为集工业文化创意、乡村民俗旅游、康体养老休闲于一体的文化生态旅游村，贾家庄生态园成为国家 4A 级旅游景区，村民人均收入大幅提高。”[27]

“绿水青山就是金山银山”这个指引社会主义生态文明建设的新财富理念，还蕴含着一个十分重要的财富创造原则，就是财富创造要始终为了人民。财富是人民创造的，但只有坚持始终为了人民的创造原则，由人民创造出来的财富才能归全体人民共同享有，人民创造出来的物质财富和精神财富才能满足人民日益增长的美好生活需要，人民才能通过共同的财富创造走上共同富裕的康庄大道。绿水青山是人民的绿水青山，金山银山也是人民的金山银山。保护绿水青山是为了人民的福祉，建设一座座金山银山是为了人民的幸福安康。绿水青山就是广大人民群众的自然财富与生态财富。保护生态环境，呵护绿水青山，就是在保护人民的自然财富与生态财富。改善生态环境，“多做治山理水、显山露水的好事”[28]，就是在为人民创造自然财富与生态财富。没有绿水青山，就不会有金山银山，但只有坚持绿水青山是人民的绿水青山，那么由绿水青山转变而来的金山银山才是人民的金山银山。只有坚定为人民建设金山银山，才能始终做到创造经济财富是为了人民，创造社会财富是为了人民。人民是社会主义生态文明的建设者，其必然要是财富创造的受益者。在社会主义生态文明建设中，只有坚持财富创造始终为了人民的原则，才能激发广大人民群众的建设热情，才能调动广大人民群众的积极性与主动性。“生态文明是人民群众共同参与共同建设共同享有的事业”[29]，其必然也是为人民群众不断创造自然财富与社会财富、生态财富与经济财富的事业。在社会主义生态文明建设中，社会财富或经济财富是在广大人民群众的共同劳动中产生的，其必然也要归广大人民群众共同享有。人民是绿水青山的主人，也必然是自然财富与生态财富的真正所有者。无论是社会财富的创造，还是经济财富的创造，都离不开绿水青山与人民的劳动。社会主义生态文明建设，是自然财富与社会财富的创造过程，也是生态财富与经济财富的创造过程，但无论是创造自然财富与生态财富，还是创造社会财富与经济财富，社会主义生态文明建设都应坚持财富创造始终为了人民原则。

第五章　绿色发展：社会主义生态文明建设的现实路径

要实现人类社会与人类文明的可持续发展，必须要走一条不同于过去的发展道路，必须在发展道路上实现绿色革命。“绿色是生命的象征、大自然的底色。”[1]绿色发展，就是要以生命为本、以生态为本来发展社会经济，从而在经济社会发展中实现人与自然的和谐共生，实现自然与社会的和谐发展，实现地球上不同生命的可持续发展。绿色发展与生态文明本身是高度契合的，生态文明所蕴含的绿色本质以及以生命为本、坚持生命至上的价值考量，就必然要求把绿色发展作为自身的建设之道与实现之路。“加快形成绿色发展方式，是解决污染问题的根本之策。”[2]全面推动绿色发展，是建设社会主义生态文明的现实路径。

一　绿色发展的内涵与特征

“实践告诉我们，发展是一个不断变化的进程，发展环境不会一成不变，发展条件不会一成不变，发展理念自然也不会一成不变。”[3]对于处在不断发展与高质量发展中的当代中国而言，我们现在的发展环境与发展条件相比于过去，都发生了巨大的变化。中国特色社会主义的发展环境与发展条件的新变化，也必然要求对发展理念的创新与对发展方式的变革。绿色发展就是在新的发展环境与发展条件下生成的新的发展理念与发展方式，也是我国经济发展进入新常态后对经济发展方式进行变革、对经济结构进行调整升级的客观要求与内在驱使。因此，相比于传统的发展理念、已有的发展理念与旧的发展方式，绿色发展有其特定的内涵与特征。绿色发展及其理念，“是我们在深刻总结国内外发展经验教训的基础上形成的，也是在深刻分析国内外发展大势的基础上形成的，集中反映了我们党对经济社会发展规律认识的深化，也是针对我国发展中的突出矛盾和问题提出来的”[4]。坚持绿色发展，“是关系我国发展全局的一场深刻变革”[5]。绿色发展理念能不能贯彻到位，关乎新时代中国特色社会主义事业的发展进程，绿色发展方式能不能得到很好的践行，关乎全面建设社会主义现代化国家的历史进程。

“发展理念是战略性、纲领性、引领性的东西，是发展思路、发展方向、发展着力点的集中体现。”[6]绿色发展作为五大发展理念的重要内容与基本内涵，作为新发展理念的重要实现路径与新的经济发展方式，对于其实质与精髓、内涵与要义，我们必须要有科学的认识与正确的理解。习近平认为：“绿色发展注重的是解决人与自然和谐问题”[7]，“就其要义来讲，是要解决好人与自然和谐共生问题”[8]。要做到绿色发展，就必须要在发展中尊重自然、顺应自然、保护自然，在发展中遵循自然规律、生态规律与社会历史发展规律。绿色发展，就其内涵而言，就是“要坚定不移走绿色低碳循环发展之路”[9]，就是要“构建绿色产业体系和空间格局，引导形成绿色生产方式和生活方式，促进人与自然和谐共生”[10]。随着人们对绿色发展认识的深化与延伸，在绿色发展的内涵上延伸出了绿色经济、绿色行动、绿色生产、绿色生活、绿色消费、绿色金融、绿色投资、绿色出行、绿色空间、绿色家庭、绿色学校、绿色社区、绿色城镇、绿色价值观念等一系列子概念与子范畴。这不仅使绿色发展的内涵丰富起来，也构成了绿色发展的内在理论体系与概念体系，并使绿色发展从一个新的发展理念上升为一个新的发展理论体系，实现了中国特色社会主义新时代绿色发展理论体系的科学化与系统化发展。

绿色发展是以人民为中心的发展思想的体现，其实质是以人民为中心的经济社会发展方式与发展理念。作为以人民为中心的发展理念与发展方式，绿色发展体现了社会主义本性与时代先进性。坚持以人民为中心的绿色发展，就是要坚持绿色发展依靠人民，绿色发展为了人民，绿色发展的成果由全体人民共享。相对于传统的、旧的发展理念与发展方式，绿色发展注重的是发展的质量，是以实现高质量发展为目标的发展。坚持绿色发展，就是“要从过去主要看增长速度有多快转变为主要看质量和效益有多好”[11]。换句话讲，绿色发展是一种注重经济社会发展质量与效益的新的发展理念与发展方式。相比于过去的、旧的发展理念与发展方式轻视或忽视保护生态，绿色发展注重生态保护，以实现经济社会可持续发展为主线。实现经济社会可持续发展离不开绿色发展，绿色发展与可持续发展是一致的，是本性相通的。相比于过去的、旧的发展理念与发展方式的片面性，绿色发展注重发展的全面性，以整体发展为策略。绿色发展与创新发展、协调发展、开放发展、共享发展是一个有机整体，与创新发展、协调发展、开放发展、共享发展是相互促进的关系。在中国特色社会主义新时代，要坚持绿色发展，就必须坚持绿色发展与创新发展、协调发展、开放发展、共享发展等共同发展与整体发展。绿色发展与创新发展、协调发展、开放发展、共享发展的共同发展与整体发展促使经济发展呈现新面貌、新特征与新局面，其一同构成中国特色社会主义新时代新的发展格局与新的发展模式。

要更好地把握与认识绿色发展，有必要对绿色发展与可持续发展、绿色发展与绿色经济做一个对比分析。绿色发展与可持续发展在内容上有很大的重叠，但二者不是两个可以完全等同或相互替换的概念。世界环境与发展委员会（WCED）在1987年发布了《我们共同的未来》这一报告，其中对可持续发展下了一个定义：可持续发展指的是“既满足当代人的需求，又不对后代人满足其自身需求的能力构成危害的发展”[12]。随着可持续发展理念传入中国，国内学者在可持续发展研究方面也渐渐形成了自己的理论特点与研究特色，形成了具有中国学术风格与思想意蕴的理论。在有的国内学者看来，可持续发展就是“不断提高人均生活质量环境承载力的、满足当代人需求又不损害子孙后代满足其需求能力的、满足一个地区或一个国家人群需求又不损害别的地区和国家满足其需求能力的发展”[13]。结合国内外对可持续发展的定义来看，可持续发展的内涵是大于绿色发展的，从提出的时间先后顺序来看，也是先有可持续发展理念，再有绿色发展理念。绿色发展，是可持续发展的一种方式、一种形态，或者说绿色发展是可持续发展在我们这个时代的表现形式，是一种在理论特质上不同于过去的可持续发展理论的理论形态。从人类已有的发展历史来看，人类实现可持续发展的方式很多，但要做到在可持续的前提下实现快速发展与高质量发展，这不是一般的可持续发展方式或途径可以做到的。绿色发展作为一种以实现高质量发展为目标的可持续发展理念与发展方式，其与一般的可持续发展理念与发展方式有很大区别。可以说，绿色发展是可持续发展在当代的新理念与新方式，是一种新的可持续发展理念与新的可持续发展方式。

绿色经济与绿色发展，在内涵上既存在重叠的地方，也有不同的地方。相比于绿色发展与可持续发展之间的关系，绿色发展与绿色经济有着更多的不同之处。“绿色经济是围绕人的全面发展，以生态环境容量、资源承载能力为前提，以实现自然资源持续利用、生态环境的持续改善和生活质量持续提高、经济持续发展的一种经济发展形态。”[14]从学术界关于绿色经济的定义来看，绿色经济是从经济发展形态或经济发展模式的角度来讲的。而绿色发展显然与绿色经济的把握维度不同，绿色发展是从发展方式或发展模式的维度出发的。也就是说，绿色经济讲的是一种新的经济发展形态或新的经济发展模式，而绿色发展讲的是一种新的经济社会发展方式或新的经济社会发展模式，或者说是一种与传统的“大量生产、大量消耗、大量排放”[15]不同的生产模式与消费模式，是一种与“杀鸡取卵、竭泽而渔的发展方式”[16]截然不同的顺应自然、保护生态的发展方式。虽然绿色经济与绿色发展在内涵上有所不同，但二者也是有内在联系的。发展绿色经济，就是在走绿色发展之路；走绿色发展道路，必然要发展绿色经济。绿色经济寄托于绿色发展，绿色发展承载着绿色经济。对于生态文明建设而言，绿色发展是其现实途径，绿色经济是其主张重点发展的新经济形态。

二　绿色发展的内在要求与客观需要

走绿色发展道路是中国特色社会主义进入新时代的历史必然与现实要求，是建设社会主义生态文明的必然要求与客观需要。绿色发展方式不同于粗放型发展方式，它是经济发展方式的绿色变革，是产业结构的绿色转型，是和人与自然和谐共生相一致的经济社会发展方式，也是和社会主义生态文明建设相一致的文明发展方式。坚持绿色发展，就是要“坚决摒弃损害甚至破坏生态环境的发展模式和做法，决不能再以牺牲生态环境为代价换取一时一地的经济增长”[17]。

绿色发展，“代表了当今科技和产业变革方向，是最有前途的发展领域”[18]，因而，对于一个国家而言，放弃了绿色发展，就是放弃了国家的未来。反之，抓住了绿色发展，就掌握了国家的未来。实现绿色发展，必须走科技创新的发展道路，“依靠科技创新破解绿色发展难题，形成人与自然和谐发展新格局”[19]。无论是要实现绿色生产，实现绿色消费，还是要实现绿色出行与绿色生活，都离不开科技的发展与创新。没有科技发展与科技创新，绿色发展就只能是自然经济意义上的绿色发展，而不是现代经济意义上的绿色发展。由此可见，走绿色发展道路，实现经济社会的绿色发展，对科技发展与科技创新有更高的要求，可以说，现代高科技是实现绿色发展的社会基础与历史条件。邓小平讲过“科学技术是第一生产力”[20]，高科技及创新是绿色发展的第一推动力。绿色发展一定是建立在当代科技创新基础上的，是依赖科技创新来驱动的发展模式。要实现工业的绿色发展，就必须发展绿色科技。“‘十三五’以来，各地工业企业、园区创建多家绿色工厂、绿色园区、绿色供应链示范企业，充分发挥试点示范的突破带动作用，在电子、纺织、钢铁、化工等多个重点行业成功研发了一批制约行业绿色转型的关键共性技术，辐射和带动了重点省份或区域工业高质量发展。”[21]

绿色发展要求经济社会发展既不能以牺牲生态环境为代价，也“不能以牺牲人的生命为代价”[22]。避免生态环境破坏、把生命放在经济社会发展的第一位，是绿色发展对经济社会发展的内在要求。以牺牲生态环境为代价来实现经济社会的发展，这是以资本为主导的现代工业文明的发展方式。绿色发展要求在经济社会发展中坚持以人民为中心，坚持生命至上。发展说到底就是为了人民，既为了人民的福祉，也为了人民的健康。“良好的生态环境是人类生存与健康的基础。要按照绿色发展理念，实行最严格的生态环境保护制度，建立健全环境与健康监测、调查、风险评估制度，重点抓好空气、土壤、水污染的防治，加快推进国土绿化，切实解决影响人民群众健康的突出环境问题。”[23]坚持绿色发展，就必然要求减少环境污染与生态破坏对人民生命健康的威胁与损害。习近平指出：“人民健康是民族昌盛和国家富强的重要标志。”[24]因此，走绿色发展道路，必须要把人民健康放在突出的位置，要倡导人民过绿色生活，要在全社会范围内提倡绿色消费，要在经济发展中注重绿色生产、发展绿色经济。

绿色发展蕴含着高质量发展。实现绿色发展，最根本的要求就是实现社会生产力的高质量发展。发展说到底是社会生产力的发展，是人的发展。绿色发展也同样是如此，没有现代社会生产力的发展与质的转变，就不会有现代社会的绿色发展及其理念。建立在现代高科技基础上的现代生产力不发展，绿色发展就是一句空话、大话。绿色发展，追求的是“更高质量、更有效率、更加公平、更可持续的发展”[25]，而这一切都需要建立在现代社会生产力高质量发展的基础之上。现代社会生产力的高质量发展与绿色发展是相互要求与相互促进的，绿色发展要求高质量发展，高质量发展表现为绿色发展。实现绿色发展是社会主义的本质要求，是进一步解放与发展社会生产力的表现，绿色发展对社会主义生产力的发展提出了更高要求，因而也必然会促进社会生产力发展方式与发展路径的变革。

绿色发展，要求“建立健全绿色低碳循环发展的经济体系”[26]，“建设资源节约、环境友好的绿色发展体系”[27]。绿色发展，就是要“实现绿色循环低碳发展、人与自然和谐共生，牢固树立和践行绿水青山就是金山银山理念，形成人与自然和谐发展现代化建设新格局”[28]。在中国特色社会主义新时代，要实现绿色发展，就必须对现有的生产方式与生活方式进行变革，借用西方生态学马克思主义的观点来说，就是要对现有的生产方式与生活方式进行绿色革命或生态革命。因此，构建绿色生产方式、绿色消费方式和绿色生活方式就成了绿色发展的内在要求。绿色生产方式就是一种在经济社会发展中以节约资源、保护环境为内在要求，以满足人民群众的美好生活需要为价值导向的生产方式。绿色消费方式就是一种在社会生产与社会生活中以节约资源、保护环境为内在要求，以真实的消费需求为主要尺度的适度消费方式。绿色生活方式，就是一种在社会生活中倡导绿色低碳、提倡节约适度、注重生态保护的文明健康生活方式。社会生产方式、生活方式与消费方式的绿色转变，加快了绿色发展的步伐，也使整个社会发展转向绿色发展的轨道。

三 绿色发展构成了社会主义生态文明建设的现实路径

生态文明建设是一项伟大的工程，“绿色发展是生态文明建设的必然要求”[29]，也是生态文明建设的现实路径。之所以如此认为，就在于绿色发展与生态文明建设所要解决的问题一致。“绿色发展注重的是解决人与自然和谐问题。”[30]这也是生态文明建设所要解决的主要问题与根本问题。建设社会主义生态文明，必须要以绿色发展为切入点，通过绿色发展来转变经济社会发展方式，来优化社会经济结构，来转换经济增长动力，从而不断“推动经济发展质量变革、效率变革、动力变革，提高全要素生产率”[31]。如果要对社会主义生态文明建设赋予一种颜色的话，绿色是最适合的，也是最符合其本性与体现其本质属性的。绿色发展与社会主义生态文明建设是辩证统一的关系，绿色发展既是社会主义生态文明建设的内在要求，也是社会主义生态文明建设的现实路径。对于绿色发展而言，绿色生产、绿色生活与绿色空间建设，都是其重要的发展路径与实现路径。此外，绿色发展是建立在高科技基础之上的经济社会发展方式与发展道路，因此，在当今社会，科技创新与科技发展也是推动与实现绿色发展的重要途径。

（一）通过绿色生产来实现绿色发展

绿色生产，是绿色发展的重要内涵与基本内容，绿色发展是建立在绿色生产基础之上的。因此，实现绿色发展，首要的是实现绿色生产。可以说，没有绿色生产就没有绿色发展，绿色生产决定着绿色发展的水平，也决定着绿色发展的速度与成效。绿色生产，是社会生产力发展绿色转向的内在要求，是在社会生产领域内进行的绿色革命。绿色生产要求在经济发展中处理好社会生产与自然的关系，实现社会生产与自然环境的协调发展。在社会生产中，绿色生产既要注意自然环境的保护，又要在对自然环境不可避免造成破坏与损害的情况下按照自然规律建设人工生态，以修补在生产中对自然环境的破坏与损害。在社会生产中，对自然环境的破坏与损害是难以避免的，但把破坏与损害降到最低，是绿色生产不同于过去的、旧的社会生产的地方。此外，绿色生产还要求在社会生产中对已经破坏的自然环境进行修复，对生态功能已丧失的自然环境进行人工生态功能再造，还青山之青，还绿水之绿。从社会生产的维度来讲，社会主义生态文明建设所诉求的生产，绿色是底色与属性。绿色生产是社会主义生态文明的基本底蕴，也是实现绿色发展的根本途径。

绿色生产，注重的是生产的绿色属性，其与传统的生产方式相比，要求更高，实现的难度更大。实现绿色生产不是一件容易的事情，它涉及社会生产的方方面面。此外，在不同类型的生产领域，绿色生产的具体要求和实现方式是不太一样的，有的生产领域主要是靠绿色技术的运用来实现绿色生产，有的生产领域主要是靠清洁能源的使用来实现绿色生产，有的生产领域主要是靠淘汰落后产能来实现一定程度上的绿色生产。要实现绿色发展，绿色生产就要覆盖到所有的产业领域。全面实现绿色生产，既要在第一产业领域内实现绿色生产，也要在第二产业领域内实现绿色生产，还要在第三产业内实现绿色生产。在三大产业中，对绿色生产的要求不尽相同，绿色生产在三大产业中所实现的方式也有所差异。绿色生产，简单地讲，就是在生产中既要做到节能，又要做到减排，实现资源利用的最大化以及生产效率的最优化。从节能的角度讲，绿色生产要在生产中把各种生产资源的消耗降到最低。从减排的角度讲，绿色生产要在生产中减少气体污染物的排放。例如，减少二氧化碳的排放，减少各种会提高大气温室气体浓度的气体的排放等；减少液体污染物的排放以保护水域生态系统和土壤生态系统；减少固体污染物的排放来保护自然环境或减少对自然环境的损害。“‘十三五’以来，各地区全面推行绿色制造，工业绿色发展取得积极成效。工信部节能司有关负责人介绍，2016～2019 年，规模以上企业单位工业增加值能耗累计下降超过 15%，相当于节能 4.8 亿吨标准煤，节约能源成本约 4000 亿元，实现了经济效益和环境效益双赢。同期，单位工业增加值二氧化碳排放量累计下降 18%，为应对气候变化作出积极贡献。以钢铁行业为例，二次能源自发电比例提升至 50%，通过推广轧钢、焦化废水和城市中水回用技术，重点大中型钢铁企业累计减排废水 3 亿立方米，节约新水 21 亿立方米。”[32] 由此可见，通过绿色生产来推动绿色发展，是社会主义生态文明建设最为重要的现实路径。

（二）通过绿色生活来实现绿色发展

绿色生活与绿色生产一样，构成了绿色发展的重要内涵与基本内容。从绿色生产与绿色生活的辩证关系来讲，绿色生产决定绿色生活，绿色生活反作用于绿色生产。没有绿色生产，就不会有绿色生活，绿色生活是建立在绿色生产基础之上的。一般来说，有什么样的绿色生产方式，就会有什么样的绿色生活方式与之相适应。只有绿色生产才能为绿色生活提供绿色产品、健康产品、高科技产品。同样，没有人们对绿色生活的向往与需要，没有人们对绿色产品、健康产品、高科技产品的需求，也不会有绿色生产。在绿色发展中，可以“通过生活方式绿色革命，倒逼生产方式绿色转型”[33]。当社会上大多数人有强烈的绿色生活需求时，必然会使社会生产向绿色生产转型。绿色生产与绿色生活构成了绿色发展的两个基本内容，走绿色生产之路与过绿色生活，是实现绿色发展的两条基本路径，也是社会主义生态文明建设的重要路径。绿色生活是社会主义生态文明所倡导的生活方式与生活特征。对于社会主义生态文明而言，其基本意蕴中就包含绿色生活。可以说，社会主义生态文明建设，既离不开绿色生产，也离不开绿色生活。

对于绿色生活，我们至少可以从两个维度来理解与认识它。一是从生活方式的维度，二是从生活理念与生活风尚的维度。从生活方式的维度讲，绿色生活就是一种“简约适度、绿色低碳的生活方式”[34]。这种生活方式要求人们在社会生活与日常生活中，要通过直接或间接的方式减少二氧化碳的排放量，从而降低我们的生活对自然环境的直接损害与间接损害。从生活理念与生活风尚的维度讲，绿色生活既是一种追求高品质生活的生活理念，也是一种拒绝奢华和浪费、崇尚文明健康的生活风尚。倡导绿色生活，就是要“让生态环保思想成为社会生活中的主流文化”[35]。绿色生活要求人们在自己的现实生活中，不仅要倡导与践行绿色消费与绿色出行，还要树立绿色价值观念与社会主义生态文明观，以便在全社会范围内形成一种不铺张浪费、崇尚文明健康的生活风尚与热爱自然的人文情怀。总的来讲，绿色生活，是一种与生态文明的本质要求相一致的生活方式，也是一种追求与自然和谐统一的生活理念，它是社会主义生态文明在生活领域的展现与要求。没有绿色生活，就不会有社会主义生态文明。过绿色生活，实现绿色发展，是社会主义生态文明建设的客观要求。“生态环境部环境与经济政策研究中心发布的《公民生态环境行为调查报告（2020年）》显示，与2019年相比，公众绿色生活方式总体有所提升，93.3%的受访者表示践行绿色消费对保护生态环境很重要，但只有57.6%的受访者认为自己做得比较好。”[36]这些数据也告诉我们，在绿色生活与绿色发展上，我们仍有很长的路要走，需要我们在社会主义生态文明建设的康庄大道上坚持不懈、锲而不舍。

（三）通过绿色空间建设来实现绿色发展

发展问题，不仅是一个时间问题，也是一个空间问题。无论是自然界的发展，还是人类社会的发展，抑或单个人的发展，既是在空间维度上的发展，也是在时间维度上的发展，对于人类来讲，时间，也“是人类发展的空间”[37]。在唯物主义历史观看来，发展与空间是紧密联系在一起的。发展说到底是人的发展，而人的发展是离不开空间的，无论是自然意义上的空间，还是社会意义上的空间。“空间是一切生产和一切人类活动的要素”[38]，因而也是人类社会发展的基本要素，也必然是绿色发展的基本要素。没有空间就没有发展。人与自然的关系，也可以说是人与自然空间的关系。自然空间对人的发展而言是至关重要的。自然空间的大小，制约着人的发展，自然空间的好坏，也影响着人的发展。如果从生产、生活、生态的角度来讲，空间又可以划分为生产空间、生活空间、生态空间三类。其中生态空间，从生命底色的角度讲，就是绿色空间。对于人来讲，绿色空间，不仅是人的生存空间，也是人的发展空间，其不仅有利于人的身心发展，也有利于人的精神发展。建设绿色空间，既是人的生存与发展需要，也是人类社会的可持续发展需求，同时还是广大人民群众美好生活的空间载体。绿色发展，从空间的维度讲，就是发展绿色空间，或者说是绿色空间建设。一个国家或一个地区的绿色发展程度怎样、绿色发展的成效如何，绿色空间是非常重要的评判标准。一般来说，绿色空间所占的比例越大，这个国家或地区的绿色发展水平就越高，绿色发展的成效就越大。一个国家或地区在一定时间内，增加的绿色空间越多，这个国家或地区的绿色发展速度就越快，其生态文明建设成效就越突出。

绿色空间，就其内涵的角度来讲，指的是绿色生态空间与绿色社会空间。对于一个国家的绿色空间建设来说，其国土就是最为主要的空间载体。绿色空间建设既包括各类自然保护区的建设，也包括绿色家庭、绿色学校、绿色社区、绿色城镇等的建设。从绿色空间建设的内容来看，绿色空间既包括自然绿色空间，也包括社会绿色空间。自然绿色空间建设是基础性的，社会绿色空间建设是建立在自然绿色空间基础上的。没有自然绿色空间建设，社会绿色空间建设就如空中楼阁，自然绿色空间建设构成了社会绿色空间建设的前提与基础，也是绿色空间最为基本的空间。一般意义上讲，各类自然保护区的建设属于自然绿色空间建设，而绿色家庭、绿色学校、绿色社区、绿色城镇等则属于社会绿色空间建设。绿色空间建设不仅涉及自然生态环境的保护与修复，还涉及各类社会空间的绿色低碳环保建设。因此，不同类型的绿色空间建设，其建设要求和建设路径是不一样的。在中国特色社会主义新时代，建设社会主义生态文明，就是在为我们打造一个绿色生存空间与绿色发展空间。对于社会主义生态文明建设而言，其是需要空间载体的。空间不仅是社会主义生态文明建设的载体，也是社会主义生态文明建设的对象。对于社会主义生态文明建设而言，最为重要的空间建设就是绿色空间建设。建设绿色空间、生态空间，实现绿色发展，就是在建设社会主义生态文明。“党的十八大以来，我国深入推进大规模国土绿化行动，累计完成造林 9.6 亿亩，全国森林覆盖率提高 2.68 个百分点，达到 23.04%。我国人工林面积居世界第一，森林资源总体呈现数量持续增加、质量稳步提高、功能不断增强的发展态势，为维护生态安全、改善民生福祉、促进绿色发展奠定了坚实基础。”[39]因此，对于社会主义生态文明建设而言，建设绿色空间也是十分重要的现实路径。

（四）通过科技创新与科技发展来驱动绿色发展

绿色发展，不仅是可持续发展，也是建立在高科技基础之上的高质量发展。绿色发展是离不开高科技的，不是建立在高科技特别是绿色技术基础之上的绿色发展，不是真正意义上的绿色发展。因此，科技创新与科技发展，既是绿色发展的重要动力，也是绿色发展的重要途径。在绿色发展中所遇到的难题，只有靠科技创新才能破解。同样，走绿色发展道路，也必然对科技与创新提出了更高的要求。在中国特色社会主义新时代，要推进绿色发展，就需要“构建市场导向的绿色技术创新体系”[40]。绿色技术及其创新构成了绿色发展的技术支撑与技术驱动。“所谓绿色技术，是指一切有利于环境保护、节约资源，有助于可持续发展的技术，包括能源技术、材料技术、生物技术、污染治理技术、资源回收技术以及环境监测技术和从源头、过程加以控制的清洁生产技术等。”[41]要实现绿色发展，建设社会主义生态文明，就必须对这些绿色技术进行整合与创新，构建能真正推动绿色发展的绿色技术创新体系。“科学技术从来没有像今天这样深刻影响着国家前途命运，从来没有像今天这样深刻影响着人民生活福祉。”[42]对于绿色技术而言也同样是如此。我们要实现绿色发展，就一定要大力发展绿色技术，实现绿色技术的革命性突破与历史性发展。在现实的绿色技术创新与绿色发展上，“要由单项技术、单项工艺、单种产品的创新，向大规模、集成化、深层次创新转变，聚焦重点行业、重点领域，开发节能环保集成技术，提供绿色制造系统解决方案”[43]。

在绿色技术创新体系的构建中，新能源技术的革命与创新，是其最为突出的表现之一。绿色发展，要追求绿色循环低碳发展，这就需要有相关高科技的支撑，特别是绿色能源技术的支撑。没有绿色能源技术的革命与发展，就不会有绿色循环低碳发展。“绿色发展最为重要的技术基础在于其能源利用方式的改变，绿色能源是指从自然界获取的、可以再生的非矿物能源，主要指风能、太阳能、生物质能、地热能和海洋能等。”[44]党的十八大以来，我国可再生能源实现了跨越式发展。“目前，我国已建成全世界最大的清洁发电体系，可再生能源发电累计装机容量超10亿千瓦，相当于40多个三峡电站的装机容量。正在沙漠、戈壁、荒漠地区规划建设大型风电光伏基地项目，第一期装机容量约1亿千瓦的项目近期有序开工。”[45]至2022年，我国风电光伏并网装机合计6.7亿千瓦，是2012年的近90倍[46]。对这些绿色能源的开发与利用，是实现绿色发展的重中之重，绿色能源开发和利用技术也是绿色发展的关键技术支撑。而要对这些绿色能源进行开发与利用，就需要实现技术突破与创新。例如，要实现对太阳能的利用，就需要在太阳能开发与利用技术上有新的突破与创新。但实现太阳能技术的突破与创新是一项系统创新工程，涉及材料技术、电能存储技术以及输电技术等众多方面。由此可见，每一项新能源技术的革命与创新都是一项系统创新工程。绿色技术创新体系，是建立在高科技基础之上的，一个国家没有高科技的系统发展与整体进步是很难构建绿色技术创新体系的。对于社会主义生态文明而言，其是建立在绿色科技基础之上的生态文明，因此，建设社会主义生态文明，必然要发展绿色科技、构建绿色技术创新体系。正如科学技术是第一生产力一样，建立在科技创新基础之上的绿色科技，必然是社会主义生态文明发展的第一推动力。只有通过绿色科技创新来驱动绿色发展，才能推动社会主义生态文明的发展。

四 基于绿色发展的生态文明建设评估指标体系

绿色发展是社会主义生态文明所诉求的发展理念与发展方式，只有走绿色发展道路，社会主义生态文明建设才能取得实效。实现绿色发展、全面加强社会主义生态文明建设，构建生态文明建设评估指标体系是非常有必要的。社会主义生态文明建设评估指标体系至少可以从三个维度来构建。

（一）生产力指标

在唯物主义历史观与马克思主义文明观的视角中，绿色发展、生态文明建设与生产力发展并不是反向而行的，而是相向而行的。绿色发展说到底是社会生产力发展，生态文明建设说到底也是要发展社会生产力。因此，建设生态文明，全面推动绿色发展，离不开生产力的发展，没有以现代高科技特别是现代生态科技为标志的现代生产力的发展，生态文明建设与绿色发展就是一句空话。同样，建设生态文明也是以发展生产力为目的的，生态文明建设并不是不要发展生产力，而是为了更好地发展生产力，是要实现社会生产力的高质量发展。在生态文明建设中，“保护生态环境就是保护生产力、改善生态环境就是发展生产力”[47]。保护生产力与发展生产力是生态文明建设的根本，也是生态文明建设的出发点与落脚点。因此，要对生态文明建设成效进行评估，生产力必然是最为根本的评估指标，确实地说，社会生产力是否实现高质量发展是评估生态文明建设最为根本的尺度。

在唯物主义历史观看来，最能体现生产力发展状况与发展水平的就是科学技术与生产工具。科学技术作为第一生产力，最能体现生产力的发展状况与发展水平。因此，在把生产力作为生态文明建设评估指标时，现代科技特别是现代生态科技的发展状况与水平就成为衡量生态文明建设成效的重要尺度。除了可以通过现代科技特别是现代生态科技来衡量生态文明建设的成效之外，生产工具也是十分重要的衡量尺度。生产工具是生产力的对象化，从物的角度讲，生产力就是通过生产工具来展现自己，不同的生产工具代表着不同的生产力，不同的生产工具还对应着不同的社会发展阶段。正如马克思所认为的那样："手推磨产生的是封建主的社会，蒸汽磨产生的是工业资本家的社会。"[48]因此，对于不同的文明发展阶段而言，其对应的生产工具也是不一样的。如果资本主义工业文明时代对应的生产工具是蒸汽磨，那么社会主义生态文明新时代对应的生产工具将会是智能磨。由此可见，在现实生活中，生产工具是生产力的最好表现，其构成了生产力发展的指示器与衡量尺。因此，衡量生态文明建设的水平以及建设成效可以通过生产工具来进行。如果建设生态文明所使用的生产工具得到质的发展与提升，生态文明建设水平也必然会得到质的提升，生态文明建设的成效也会有质的增长。正是从这个意义上讲，生产工具与科学技术，是我们从质的维度去衡量与评价生产力发展的重要尺度与根本指标。

生产力不仅可以从质的维度来衡量，还可以从量的角度去评价。生产力的发展或增长从量的角度去衡量的话，又可以通过两个维度：一是从国内生产总值及其增长速度来衡量；二是从国民生产总值及其增长速度来衡量。如果从国内生产总值及其增长速度的维度来讲的话，生产力的发展与增长可以量化为国内生产总值及其增长率。正是因为生产力可以量化为国内生产总值，生产力的发展或增长可以量化为国内生产总值的增长，所以，生态文明的建设成效，也可以通过国内生产总值的高质量增长来体现。换句话讲，建立在生产力高质量的发展基础之上的国内生产总值的量的增长，也是评价生态文明建设成效的重要尺度与依据。从这个意义上讲，生态文明建设与国内生产总值的增长不是矛盾的，而是一致的。建设生态文明虽然不以追求国内生产总值为根本目标，但建设生态文明，一定不能忽视国内生产总值的高质量增长。没有生产力的量的增长，也不会有生产力的质的增长。生产力在质上的增长，一定会通过生产力在量上的增长来体现。这也告诉我们，在评价生态文明建设成效时，也即社会生产力的增长时，既不能放弃量的增长，也不能放弃质的增长，要在质的增长上放量，在量的增长上显质。

（二）绿色指标

虽然生产力指标是生态文明建设最为根本的评估指标，但在生态文明建设的评估中，绿色指标也是十分重要的指标。之所以在生态文明建设成效评价中纳入绿色指标，究其原因就在于“绿色是生命的象征、大自然的底色，更是美好生活的基础、人民群众的期盼”[49]。绿色指标，是生态文明建设评估指标不同于其他文明建设评估指标的一个非常显著的特征。生态文明建设评估的绿色指标，具体来讲，主要包括五个方面的内容：一是植被覆盖指数；二是年空气优良指数或蓝天指数；三是水体指数；四是土壤指数；五是生物多样性指数。绿色指标的五个方面构成了人们现实生活的自然生态环境状况的主要评判标准。

植被覆盖指数可以从两个方面来评价：一个是植被覆盖率，另一个是植被覆盖增长率。植被覆盖率是总体上评价一个地方的植被覆盖情况，一般来说，植被覆盖率越高，生态情况就越好，植被覆盖率越低，生态情况就越糟糕。就拿我国来讲，近些年来，随着生态文明建设的全面展开与大力推进，生态文明建设取得巨大成效，植被覆盖率相比于过去而言已有了大大的提高。植被覆盖增长率是从动态的角度来评价生态文明建设的具体成效，一定时期内的植被覆盖增长率，可以很好地判断一个地区在一定时期内的生态保护与生态建设情况。进入中国特色社会主义新时代以来，我国每一年的植被覆盖增长率都在全球居于领先地位，也在一定程度上反映了中国生态文明建设在全球生态文明建设中处于引领地位。年空气优良指数或蓝天指数涉及三个方面的内容：一是全年空气优良天数或蓝天天数；二是空气优良天数或蓝天天数增长率；三是大气污染情况。从最近几年各地公布的全年空气优良天数或蓝天天数来看，我国的生态文明建设成果显著。水体指数，包括地表水指数和地下水指数，具体包括地表水总量及其水环境质量，地下水总量以及其质量，一类水质、二类水质、三类水质、四类水质与五类水质在不同水体中所占的比例，以及一类水质、二类水质、三类水质各自增长的情况，等等。生命源于水，没有水就没有地球上的生命。因此，无论是生态文明建设还是人与自然生命共同体构建，水保护与水治理都是非常重要的议题。

没有清洁的水资源，没有干净的水体，就不会有生命的健康。因此，对于生态文明建设而言，水体指数是生态文明建设非常重要的评价指数。土壤指数主要包括土壤污染情况、土壤石化沙（漠）化情况以及土壤改善情况、良田保护与建设情况等。土壤指数也同样是评估生态文明建设成效不可或缺的重要指数。最后就是生物多样性指数。保护空气、保护水体、保护土壤，增加植被覆盖，说到底是为了保护生命，维护生物的多样性。人与自然生命共同体，也是不同生物所组建的生命共同体，没有生物的多样性，生命共同体就会变得脆弱。只有维护生物的多样性，尊重不同生物的生命价值，我们才能构建一个坚实的生命共同体。生态文明建设，从生命的维度讲，就是要保护生物的多样性，构建人与自然生命共同体。因此，对于生态文明建设而言，生物多样性指数是其最为基本的评价指标。绿色指标所涵盖的这五个方面，几乎都是可以量化的，更容易使人们有切身体会。

总的来讲，这五个具体指数形成了一个有机互动的体系，形成了可以量化的评价体系，是具有正相关关系的五大评价子系统，也是可以从人民群众的经验层面来验证的指数。这五个绿色发展评价指数，与人们的现实生活是紧密联系在一起的，它们在量上或质上的变化，广大人民群众是可以切身感受到的。注重绿色指标，把绿色指标作为生态文明建设成效评估的重要指标，才能真正推动社会主义生态文明的发展，才能在21世纪中叶把我国的生态文明建设成为高度的生态文明。建设社会主义生态文明，“为子孙后代留下天蓝、地绿、水清的生产生活环境”[50]，就一定要把这五个重要指数作为其建设成效的重要评价指数。

（三）社会素质指标

如果说生产力指标与绿色指标是生态文明建设的硬指标，那么社会素质指标则是生态文明建设的软指标，但其同样是可以作为尺度来衡量生态文明建设的。社会素质指标是一个难以量化的指标。生产力指标与绿色指标在评价中主要是从客观数据出发的，社会素质指标则主要是从主观感受与主观判断出发。在唯物主义历史观与马克思主义文明观的视野中，文明不仅是实践的事情，也是社会素质的体现。从社会素质的角度讲，文明建设就是社会素质建设，就是文明素养建设。生态文明建设，作为人类文明建设的新内容与新的文明形态建设，其同样不仅是实践的事情，也是社会素质的体现，建设生态文明必然包含社会素质建设。从社会素质的角度讲，生态文明建设包括生态文化建设、生态道德建设、生态文明观培育、绿色价值观念培育、生态价值体系建设等方面。生态文明建设包含生态道德、生态文明观、绿色价值观念等社会素质建设的内容，因此，在评估生态文明建设的成效时，社会素质也必然是重要参照指标。

科学地把握与理解生态文明，既要从生态的角度出发，也要从文明的角度出发。从文明建设的维度去理解与把握生态文明建设，生态文明建设还是一项人类社会素质与文明素养提升工程，对于生态文明建设而言，其不仅是树立社会主义生态文明观与绿色价值观念的实践活动，也是人的世界观、人生观与价值观不断精进与升华的社会实践活动。生态文明所要求的社会素质与文明素养，比资本主义工业文明的要求更高。人们的社会素质与文明素养越高，生态环境就保护得越好，生态环境越好，人们的社会素质与文明素养也会越高。由此可见，忽视人的社会素质与文明素养来建设生态文明，必然是事倍功半。反之，在生态文明建设中注重提升人的社会素质与文明素养，生态文明建设必然事半功倍。建设社会主义生态文明，一定要坚持两手都要抓、两手都要硬，既要抓好生态保护与生态改善，又要抓好人们的社会素质培养与文明素养提升。

社会素质和文明素养作为衡量生态文明建设成效的重要指标，不仅体现在人们的节约意识、环保意识与生态意识中，也体现在人们的生态道德、绿色价值观念与天蓝地绿水清的人文情怀中。因此，要从社会素质的维度来衡量生态文明建设的成效，人们的节约意识、环保意识与生态意识，人们的生态道德、绿色价值观念与天蓝地绿水清的人文情怀，都是具体的衡量标尺。正是从这个意义上讲，人们的节约意识、环保意识与生态意识的增强，也是生态文明建设取得成效的表现，同样，人们的生态道德、绿色价值观念与天蓝地绿水清的人文情怀的树立与形成，也是生态文明建设的重要成果。党的十八大以来，人们的节约意识、环保意识与生态意识不断增强，生态道德建设与绿色价值观念培育也取得了重大成就，广大人民群众天蓝地绿水清的人文情怀得以形成，社会主义生态文明观也在全社会范围内树立起来。这一切都表明迈进社会主义生态文明新时代以来，我国生态文明建设在社会素质建设与文明素养提升方面取得了显著的历史性成就。这些历史性成就必然为社会主义生态文明建设在中国特色社会主义新时代的进一步发展提供更为持久的内在动力。

第六章　美丽中国与美丽世界：社会主义生态文明建设的理想蓝图

社会主义生态文明建设是有其理想蓝图与建设愿景的。从社会主义生态文明的本质与特性来看，社会主义生态文明建设不仅是中国的生态文明建设，也是世界的生态文明建设。建设社会主义生态文明，不仅是在建设美丽中国，也是在建设美丽世界，是二者的有机统一。因此，在社会主义生态文明建设的伟大实践活动中，美丽中国与美丽世界都构成了社会主义生态文明建设的理想蓝图，也是社会主义生态文明建设的地理空间。随着社会主义生态文明建设的不断推进，随着绿色家园与美好家园建设的不断推进，美丽中国与美丽世界这两幅图画将不断展开与呈现在世人面前。总而言之，社会主义生态文明建设承载着中国人民的中国梦愿景，也搭载着世界人民的世界梦蓝图。中国梦、世界梦融在社会主义生态文明建设之中。

一　美丽中国、美丽世界的内涵与关系

美丽中国与美丽世界，都是社会主义生态文明建设的题中应有之

义，也是社会主义生态文明建设的理想蓝图。科学地认识与把握美丽中国与美丽世界的内涵以及二者之间的关系，对于正确地理解与认识社会主义生态文明建设的现实价值与世界历史意义具有十分重要的作用。

（一）美丽中国的提出与意蕴

美丽中国，作为一个执政理念的提出，作为中国梦的重要内容，是有一个历史过程的。在党的十八大报告中，提出了建设美丽中国的要求，并把其视为走入中国特色社会主义新时代的党的一个新执政理念。[1]随后，习近平把美丽中国建设，明确为“实现中华民族伟大复兴的中国梦的重要内容”[2]。在2015年10月召开的党的十八届五中全会上，“美丽中国”被党中央纳入“十三五”规划建设，上升为国家着重建设与发展的重要内容[3]。在党的十九大报告中又对美丽中国建设的阶段做了重要的论述与科学的安排，并对美丽中国建设作了两个建设阶段的战略安排，明确指出在“第一个阶段，从二〇二〇年到二〇三五年，在全面建成小康社会的基础上，再奋斗十五年”[4]，“生态环境根本好转，美丽中国目标基本实现”[5]。在“第二个阶段，从二〇三五年到本世纪中叶，在基本实现现代化的基础上，再奋斗十五年，把我国建成富强民主文明和谐美丽的社会主义现代化强国”[6]，即在这个阶段，美丽中国建设的目标，就是建成一个美丽的社会主义现代化强国。由此可见，美丽中国建设与社会主义现代化强国建设是一致的。美丽中国，不仅是社会主义现代化强国建设的重要内容，是社会主义现代化强国建设所要达到的重要目标，也是社会主义现代化强国的显著特征与基本属性。

建设美丽中国，首先要对美丽中国的内涵有科学的认识。在对美丽中国内涵的把握上，我们至少可以从以下几个维度出发。一是从自然的维度来讲，美丽中国就是一个自然风景优美的中国，是一个天蓝、地绿、水清的风景中国，也是一个“山峦层林尽染，平原蓝绿交融，城乡鸟语花香”[7]的风景中国，这是美丽中国的自然底蕴，也是美丽中国的自然美维度。二是从人文素养或文明素养的角度讲，美丽中国，是一个社会和谐、人民幸福与社会文明素养高的人文中国，这是美丽中国的人文底蕴，也是美丽中国的社会美或人文美维度。三是从人与自然的关系角度讲，美丽中国，是一个人与自然和谐共生的生态中国。这是美丽中国的生态底蕴，也是美丽中国的生态美维度。还可以从空间维度来解读与认识美丽中国，美丽中国是由美丽城市、美丽乡村与美丽的自然环境所构成的，其中美丽的自然环境或者说优美的生态环境是美丽中国的根基，美丽城市与美丽乡村是美丽中国这个大厦本身。美丽中国就体现在美丽的城市与美丽的乡村之中，也呈现在美丽的自然环境或优美的生态环境中。

（二）美丽世界的内涵

有美丽中国，就有美丽世界。美丽世界，既是一个山清水秀、清洁美丽的世界，是一个人与自然和谐共生的世界，是世界人民安居乐业与共享发展的世界，也是不同文明和谐共存、相得益彰、交相辉映的世界。如不从整个宇宙的维度来理解世界，而只是从人类所生活的地球家园来讲的话，美丽世界，就是美丽地球家园，建设美丽世界，就是建设美丽地球家园。建设美丽世界最为基础的、最为根本的，就是建设一个清洁的美丽世界。对于美丽世界而言，不清洁就难言美丽，而一个清洁的美丽世界也一定是一个没有被污染的世界。故而，建设一个清洁的美丽世界，就必须减少二氧化碳的排放量，让我们每天呼吸的空气更干净；建设一个清洁的美丽世界，就必须减少污水的排放，让我们喝的生命之水更甘甜；建设一个清洁的美丽世界，就必须减少土壤的污染，让我们立足的大地更健康。美丽世界与优美的生态环境是紧密联系在一起的，优美的生态环境是美丽世界中最为根本的美。建设清洁美丽的世界，反映了世界人民对美好生活的向往，也体现了人类社会可持续发展的客观要求。其既是全球生态文明建设的重要内容，也是全球生态文明建设所要实现的重要目标。

建设美丽世界，就其基本维度而言，就是要“构建人与自然和谐共生的地球家园”[8]，就是要“构建经济与环境协同共进的地球家园”[9]，就是要“构建世界各国共同发展的地球家园”[10]。美丽世界，反映与寄托了世界各国人民对建设美好地球家园的向往，也构成了人类命运共同体的重要意蕴。“人类命运共同体，顾名思义，就是每个民族、每个国家的前途命运都紧紧联系在一起，应该风雨同舟，荣辱与共，努力把我们生于斯、长于斯的这个星球建成一个和睦的大家庭，把世界各国人民对美好生活的向往变成现实。”[11]要把世界各国人民对美好生活的向往变成现实，就需要世界各国人民携起手来一起“努力建设一个山清水秀、清洁美丽的世界”[12]，一起来建设美丽地球家园。美丽世界，承载着世界人民的美好生活愿望，只有把美丽世界、美丽地球家园建设好，世界人民的美好生活愿望才能实现，人类文明才能永续发展。

（三）美丽中国与美丽世界的内在关系

美丽中国与美丽世界虽有所不同，但二者有着内在联系。美丽世界是比美丽中国更大的范畴，美丽世界涵盖了美丽中国，美丽中国是美丽世界的重要构成部分，建设美丽中国就是在建设美丽世界。从美丽中国的角度讲，美丽中国既是中国人民的美丽中国，也是世界人民的美丽中国。没有美丽中国，地球这个美丽大家园就是不完美的。建设美丽中国，就是在为建设美丽世界做贡献。不仅建设美丽中国是在建设美丽世界，世界上任何一个国家的人民建设自己的美丽家园，也就是在建设美丽世界。美丽世界是由一个个美丽国家所组成的，也是由一个个美丽家园所组成的。每一个国家的人民把自身的国家和家园建设美丽，这个世界就必然变得美丽起来。从美丽世界的角度讲，建设美丽世界是有利于美丽中国建设的。美丽中国建设是离不开美丽世界建设的。这个世界本身就是一个有机整体，我们生活的地球也是所有人的共有家园，无论是在经济建设上，还是在生态文明建设上，世界各国都是紧密联系在一起的。我们每一个人，既生活在自身的国度里，也生活在这个地球之上。如果地球这个我们共有的家园被污染了，不美丽了，这个世界上也不会有哪一个国家可以独自美丽。

对于世界各国而言，虽然每个国家都有自己的国界与各自的生态环境，但从地球这个共有家园的角度讲，地球的生态环境是一个有机的整体的系统，各个子系统之间或区域系统之间不是无关联的，而是相互联系与相互影响的。因而一国的生态环境建设，必然影响着其他国家的生态环境建设，中国的生态环境要变好，世界的生态环境也要变好才行。如只是中国的生态环境在变好，其他国家和地区的生态环境在变差，最终也会影响到中国的生态环境状况。如果只是中国人的生态文明素养在提升，其他国家居民的生态文明素养没有提升，最终也会影响到中国的生态文明发展和全球生态文明的发展。美丽中国建设，不仅仅是在中国大地上建设美丽中国，还要携手其他国家一同建设这个世界。也正是从这个意义上讲，人类就是一个命运共同体，在这个命运共同体中，只有大家携手共进、共同发展，共同建设全球生态文明，这个世界才会更美丽、更美好，生活在这个命运共同体中的各个国家、各个民族的人民才会更幸福更快乐，世界各国才能走绿色发展道路与可持续发展道路。

二　美丽中国、美丽世界呼唤社会主义生态文明

一个时代有一个时代的文明呼唤，一个时代有一个时代的建设需求，一个时代有一个时代的梦想追求。建设美丽中国，是人民的心声，也是时代的呼喊，是人民对美好生活的向往在国家情感与国家期盼上的深情寄托。对于中国共产党而言，美丽中国也凝聚着党的初心与使命，是中国共产党在其历史的征程中必定要实现的战略目标。我们要在 2035 年让美丽中国目标得到基本实现，在本世纪中叶建成美丽的社会主义现代化强国，就需要找到美丽中国建设的科学道路与现实路径。只有这样，美丽中国才不是抽象的，也不会只停留在人们的头脑中。对于美丽中国而言，社会主义生态文明就是其时代的呼唤。无论是作为风景美、自然美而存在的美丽中国，还是作为人文美、社会美而存在的美丽中国，都离不开社会主义生态文明建设。只有通过社会主义生态文明建设，才能打造一个风景美、自然美的中国，也只有通过社会主义生态文明建设，才能形成一个人文美、社会美的中国。美丽中国建设，也是文明中国建设，这个文明更多地指向生态文明，因为只有生态文明，才能勾勒出一幅美丽中国的时代画卷，也只有生态文明，才能让美丽中国内生现代文明意蕴、彰显人类文明光辉。美丽中国所蕴含的美就显露在生态文明所建设的美当中。生态文

明所展现的美，不仅是风景美、自然美，也是人文美、社会美。只有生态文明展现的美，才切中了美丽中国所蕴含的美，只有生态文明所呈现的美，才是美丽中国所呼唤的美。一个美美与共的中国，也必然是一个生态与文明相互融合的中国。

美丽中国是美丽世界的重要构成部分，无论是对于美丽中国而言，还是对于美丽世界而言，生态文明都是时代的呼唤。美丽中国呼唤生态文明，美丽世界也同样呼唤生态文明。美丽中国呼唤的是社会主义生态文明，美丽世界呼唤的是全球生态文明。没有全球生态文明就不会有美丽世界，同样，没有世界人民对美丽世界的需要与向往，就不会有美丽世界对全球生态文明的时代呼唤。对于全球生态文明而言，引领全球生态文明的是社会主义生态文明，对于人类生态文明而言，其典型形态与最新发展形态就是社会主义生态文明。也就是说，社会主义生态文明不仅是人类生态文明的典型形态与最新发展形态，也是全球生态文明的主体力量与引领力量。从这个意义上讲，美丽世界所呼唤的全球生态文明，说到底还是代表着全球生态文明前进方向的社会主义生态文明。这里需要指出的是，社会主义生态文明不是地域性的生态文明，而是世界性的生态文明。同样，随着中国进一步走向社会主义生态文明新时代，随着中国的社会主义生态文明已成为全球生态文明发展的引领力量和人类生态文明最具生命力的发展形态和典型形态，中国的社会主义生态文明已经不仅仅是地域性的生态文明，而是世界性的生态文明了。社会主义生态文明已成为世界性的生态文明，对于社会主义生态文明而言，建设美丽世界必然是其更宏大的目标。总而言之，美丽世界之所以呼唤生态文明，其原因就在于，只有生态文明建设才以美丽世界建设为目标，也只有通过生态文明建设才能实现美丽世界的建设。一个美美与共的世界，必然是一个生态与文明相互融合的世界。只有在这样的世界里，国与国之间才能和平共处，民族与民族之间才能和谐共处，人与自然之间才能和谐共生。

随着中国走进社会主义生态文明新时代，在中国社会主义生态文明建设的引领与推动下，整个人类世界也最终会迈向全球生态文明新时代。社会主义生态文明新时代是美丽中国目标实现的新时代。随着美丽中国目标的实现，美丽世界目标也早晚会实现。虽然说，美丽中国目标的实现与美丽世界目标的实现不同时，但从某种意义上讲，美丽中国建设与美丽世界建设是同步的。可以预见，可以展望，到2035年，美丽中国的目标基本实现，进而到本世纪中叶，美丽的社会主义现代化强国的建成，整个人类社会必将进入全球文明新时代。到那时，人与自然的生命共同体也将基本建成，人类命运共同体构建也必将取得历史性成就，人类文明将迎来一个新的历史时期。在中国特色社会主义新时代，全面推进社会主义生态文明建设，大力建设社会主义生态文明，共谋全球生态文明建设，是美丽中国建设的时代呼唤，也是美丽世界建设的时代呼唤。在美丽中国与美丽世界的双重呼唤下，世界百年未有之大变局必将朝着有利于中国人民与世界人民的方向发展。

三　美丽中国是社会主义生态文明建设的中国梦蓝图

“每个人都有理想和追求，都有自己的梦想。”[13]每个民族也同样是如此，美利坚民族有美利坚民族的梦想，德意志民族有德意志民族的梦想，法兰西民族有法兰西民族的梦想，中华民族有中华民族的梦想。对于中华民族而言，近代以降最伟大的梦想，就是“实现中华民族伟大复兴”[14]。“这个梦想，凝聚了几代中国人的夙愿，体现了中华民族和中国人民的整体利益，是每一个中华儿女的共同期盼。”[15]这个梦想总结为一个词就是“中国梦”。“在新的历史时期，中国梦的本质是国家富强、民族振兴、人民幸福。”[16]对于中国人民而言，中国梦，既是国家的梦，是民族的梦，也是每一个中国人的梦。“只有每个人都为美好梦想而奋斗，才能汇聚起实现中国梦的磅礴力量。”[17]中国梦的实现离不开每个人的努力奋斗，只有每个人把自己的梦想融入实现中华民族伟大复兴的中国梦，我们才能更好地实现自身的梦想与自身的人生价值。为实现中华民族伟大复兴的中国梦奋斗，是中华民族以及无数仁人志士的历史夙愿，也是我们这个时代的鲜明主题，其昭示着中国未来的美好前景，也展现了国家与民族发展的宏伟蓝图。要实现好这个历史夙愿，要践行好这个时代主题，要展现好国家与民族未来的前景，我们就必须在以习近平同志为核心的党中央的全面领导下，紧密团结、脚踏实地，不断奋进、不断开拓进取，只有这样我们才能共同见证中华民族伟大复兴中国梦的实现。

中国梦，在给人民以美丽遐想与美好念想的同时，也有其现实图景。对于中国梦而言，美丽中国就是其在新时代的现实图景。美丽中国是“中国人民心向往之的奋斗目标”[18]。美丽中国建设，是功在当代、利在千秋的民族伟业。美丽中国建设，关系到中国人民的福祉，关乎中华民族的未来，也关乎我们每一个人的幸福与安康。如何建设美丽中国，这是党的十八大以来，党和国家一直在思考的事情，也是“党的十九大作出到本世纪中叶把我国建成富强民主文明和谐美丽的社会主义现代化强国的战略安排”[19]的重要目标之一。要建设好美丽中国，就必须走生产发展、生活富裕、生态良好的文明发展道路，更为主要的是要走生态良好的生态文明发展道路。从社会主义生态文明建设与美丽中国建设的关系来讲，社会主义生态文明建设与美丽中国建设在内容上高度重合，建设社会主义生态文明就是在建设美丽中国，建设美丽中国也是在建设社会主义生态文明。美丽中国是社会主义生态文明建设所要实现的目标，其构成了社会主义生态文明建设的中国梦蓝图。只有把生态文明建设好了，才能为美丽中国不断创造更好的生态条件和更美的生态环境。在生态文明与美丽中国的内在关系上，就像有的学者所认为的那样："生态文明是建设美丽中国的直接'抓手'，也是最具灵敏度和直观性的指标，更是美丽中国立足大地的根基。"[20]美丽中国的美，不仅仅是自然环境意义上的自然美，也是社会文明程度与人的文明素养意义上的社会美。美丽中国是自然美与社会美的统一。全面推进社会主义生态文明建设，可以不断夯实美丽中国的物质基础与文明素养基础，也可以在生态文明建设中实现美丽中国自然美与社会美的有机统一，展现一个生态美的美丽中国。

在中国特色社会主义新时代，生态文明、美丽中国、中国梦，这三者是内在统一的。建设社会主义生态文明与建设美丽中国，都"是实现中华民族伟大复兴的中国梦的重要内容"[21]。如从美丽中国与中国梦二者之间的关系来讲，美丽中国是中国梦的重要内涵，是中国梦的现实图景。美丽中国承载着中国梦，是中国梦的现实依托。无论是中国梦，还是美丽中国，都体现与反映了中国人民对美好生活的向往。"中国梦是人民的梦，必须同中国人民对美好生活的向往结合起来才能取得成功。"[22]同样，美丽中国是中国人民的美丽中国，也必须同中国人民对美好生活的向往结合起来。但无论是中国梦，还是美丽中国，都要以社会主义生态文明建设为依托和实现路径。从习近平关于生态文明、美丽中国与中国梦的内在关系的论述来看，建设生态文明就是在建设美丽中国，建设美丽中国就是在圆中国梦。"实现中华民族伟大复兴的中国梦，物质财富要极大丰富，精神财富也要极大丰富。”[23]社会主义生态文明建设，不仅可以为中国梦创造丰富的物质财富，也可以为中国梦创造丰富的精神财富。社会主义生态文明建设不仅可以促进社会物质生产力的发展，为社会物质财富创造提供生产力保障，还可以提升社会的文明素养与文明程度，为社会精神财富创造提供坚实的社会素质支撑与生态文明素养支撑。也就是说社会主义生态文明建设所要展现的中国梦图景，不仅是一幅物质财富极大丰富的美丽图景，也是一幅精神财富极大丰富的美丽图景。

在中国特色社会主义新时代，建设美丽中国，实现中华民族伟大复兴的中国梦，一定要调动广大人民群众的积极性与主动性，一定“要把建设美丽中国转化为全体人民自觉行动”[24]。广大人民群众，不仅是美丽中国的受益者，也是美丽中国的守护者，更是美丽中国的建设者。美丽中国，是全体中国人民的美丽中国，也需要全体中国人民积极参与和自觉建设。在美丽中国的伟大建设实践中，每个人都应把美丽中国建设看作自己分内的事情，不要置身事外而做一个旁观者、局外人，更不能做一个破坏者、干扰者。建设美丽中国，实现中华民族伟大复兴的中国梦，是时代赋予我们每一个人的历史使命。在现实生活中，我们一定要把自身的人生梦想与中国梦结合起来，在实现自身人生梦想的过程中实现中国梦。美丽中国与我们每一个人的梦想是紧密联系在一起的，美丽中国，寄托着我们的美丽愿想，也承载着我们每一个人的人生梦想。只有把美丽中国建设好了，我们的人生梦想才有更坚实的物质基础与现实支撑，我们的人生梦想才能放飞在美丽的中国大地上。要建设好美丽中国，我们不仅要增强自己的节约意识、环保意识、生态意识，还要遵守生态道德与履行生态责任，最为重要的是要通过自己的实际行动来减少能源资源消耗和污染排放，从而为社会主义生态文明建设与实现中华民族伟大复兴的中国梦做出自己的贡献，在美丽中国这幅画卷上添上自己优美的一笔。

党的十八大以来，以习近平同志为核心的党中央在美丽中国建设上取得了重大历史性成就，美丽中国建设迈出重大步伐，我国生态环境保护发生历史性、转折性、全局性变化。2012~2017 年，“五年来，我国年均新增造林超过 9000 万亩。森林质量提升，良种使用率从 51%提高到 61%，造林苗木合格率稳定在 90%以上，累计建设国家储备林 4895 万亩。恢复退化湿地 30 万亩，退耕还湿 20 万亩。118 个城市成为‘国家森林城市’。三北工程启动两个百万亩防护林基地建设。”[25]到 2021 年，中国森林资源增加面积超过 7000 万公顷，居全球首位。“五年来，我国治理沙化土地 1. 26 亿亩，荒漠化沙化呈整体遏制、重点治理区明显改善的态势，沙化土地面积年均缩减 1980 平方公里，实现了由‘沙进人退’到‘人进沙退’的历史性转变。”[26]五年来，“全国地表水国控断面 I~III 类水体比例增加到 67. 8%，劣 V 类水体比例下降到 8. 6%，大江大河干流水质稳步改善”[27]。“至 2019 年年底，我国单位国内生产总值二氧化碳排放较 2005 年降低 48. 1%，提前完成到 2020 年下降 40%~45%的目标。2020 年，我国非化石能源占能源消费比重达 15. 9%，比 2005 年提升了 8. 5 个百分点，可再生能源发电装机实现快速增长，规模居全球第一。”[28]根据《生态环境部发布 2020 年全国生态环境质量简况》来看，2020 年 1~12 月，我国生态环境质量持续改善，主要污染物排放总量和单位国内生产总值二氧化碳排放进一步下降。在全国“1940 个国家地表水考核断面中，水质优良（Ⅰ~Ⅲ类）断面比例为 83. 4%，同比上升 8. 5 个百分点；劣 V 类为 0. 6%，同比下降 2. 8 个百分点”[29]。“全国 337 个地级及以上城市平均优良天数比例为 87. 0%，同比上升 5. 0 个百分点。202 个城市环境空气质量达标，占全部地级及以上城市数的59.9%，同比增加45个。PM2.5年均浓度为33微克/立方米，同比下降8.3%；PM10年均浓度为56微克/立方米，同比下降11.1%。”[30]“2021年10月，在《生物多样性公约》第十五次缔约方大会上，我国三江源、大熊猫、东北虎豹、海南热带雨林和武夷山等首批国家公园正式设立，向着建立系统的国家公园体系迈出坚实步伐。”[31]截至2022年2月，“我国形成了各级各类自然保护地近万处，约占陆域国土面积的18%，90%的陆地生态系统类型、65%的高等植物群落、71%的国家重点保护野生动植物物种得到有效保护”[32]。

四 在社会主义生态文明建设中描绘世界梦蓝图——美丽世界

建设社会主义生态文明，不仅造福中国人民，也造福世界人民。建设社会主义生态文明，不仅是在建设美丽中国，也是在建设美丽世界。在美丽中国建设中建设美丽世界，在美丽世界建设中建设美丽中国。建设美丽世界，不仅是世界人民的梦想，也是中国人民的梦想。2017年1月，习近平在联合国日内瓦总部发表的重要演讲中，呼吁国际社会要在生态文明建设等方面作出努力，并在大会上提出了“坚持绿色低碳，建设一个清洁美丽的世界”[33]的世界梦愿景。建设一个清洁美丽的世界，建设一个人与自然和谐共生的世界，是人类社会进入21世纪所肩负的世界历史使命。美丽世界建设，不单单是美丽世界建设，也是世界人民的美好生活建设，世界各国人民对美好生活的向往就寄寓于美丽世界之中。建设美丽世界与世界人民对美好生活的向往是相一致的，只有把美丽世界建设好了，世界各国人民对美好生活的向往才能变成现实。建设美丽世界，是世界人民的伟大梦想，需要世界各国人民普遍参与，需要世界各国凝聚共识。生态文明建设是美丽世界建设的现实途径，也是美丽世界建设所要实现的重要目标。

共同创造人类的美好未来，打造环境友好、生态美好的美丽世界，建设美丽地球家园，是社会主义生态文明建设的题中应有之义。社会主义生态文明建设不仅描绘着中国梦蓝图，也描绘着世界梦蓝图。中国梦，不仅仅是“要实现国家富强、民族振兴、人民幸福”[34]的梦，也是追求“和平、发展、合作、共赢的梦”[35]。“中国梦既是中国人民追求幸福的梦，也同各国人民追求幸福的梦想相通。”[36]中国梦与世界其他热爱和平的民族的梦想并不是不相容的，而是相一致的。“中国人民的梦想同各国人民的梦想息息相通。实现中国梦，离不开和平的国际环境和稳定的国际秩序，离不开各国人民的理解、支持、帮助。”[37]“实现中国梦给世界带来的是和平，不是动荡；是机遇，不是威胁。”[38]“中国人民圆梦必将给各国创造更多机遇，必将更好促进世界和平与发展。”[39]中国梦与其他各民族的梦、各国家的梦一同构成了世界梦的重要内容，共同描绘了世界梦的蓝图、书写了世界梦的内涵。正如“中国的发展离不开世界，世界的发展也需要中国”[40]一样，中国梦的实现离不开世界，世界梦的实现也需要中国，实现中国梦必然有利于世界梦的实现，世界梦的实现也必然铸就中国梦的实现。“中国梦与世界梦息息相通。”[41]对于世界人民与人类社会而言，“建设美丽家园是人类的共同梦想”[42]。在当下，建设美丽家园，就是要建设地球这个人类生存与发展的绿色家园。美丽家园或绿色家园，这个人类的共同梦想，这个世界人民的共同梦想，是需要通过生态文明建设来圆的，既要通过中国的生态文明建设来圆，也需要通过其他国家或地区的生态文明建设来圆。世界各个国家建设好自身的生态文明，必然有利于世界梦的早日实现。

建设美丽世界，就是要建设好人类的美丽地球家园，就是要建设好世界人民的绿色家园。无论是人类美丽地球家园建设，还是世界人民绿色家园建设，都离不开全球生态文明建设。只有把全球生态文明建设好了，我们才能保护地球这个人类迄今唯一赖以生存的绿色家园。自从工业革命以来，特别是20世纪30~40年代以来，人类在创造了巨大物质财富与精神财富的同时，也给自然生态环境造成了巨大的甚至是不可换回的损失，地球的生态平衡系统被进一步破坏。地球这个人类生存与发展的唯一家园，面临着环境污染、气候变化、生物多样性减少等挑战。为了应对严重的全球生态危机、扭转全球生态环境进一步恶化的趋势，世界各国人民需要通过生态文明建设来改变和改善人类的生存与发展现状。建设美丽地球家园，建设人类共同的绿色家园，是全球生态文明建设的奋斗目标。如果说美丽中国是社会主义生态文明建设的中国梦蓝图的话，那么美丽世界，就是全球生态文明建设的世界梦蓝图，当然也是社会主义生态文明建设的世界梦蓝图。正如习近平所提出的那样："建设生态文明关乎人类未来。国际社会应该携手同行，共谋全球生态文明建设之路，牢固树立尊重自然、顺应自然、保护自然的意识，坚持走绿色、低碳、循环、可持续发展之路。"[43]只有这样我们才能实现我们的共同梦想，才能建设好我们的绿色家园与美丽家园。

社会主义生态文明建设是全球生态文明建设的重要组成部分与核心推力，社会主义生态文明建设一定要在全球生态文明建设中发挥示范效应与引领作用。正如美国学者小约翰·柯布（John Cobb Jr.）所认为的那样："中国可能领导世界进入生态文明"[44]，并相信"中国在追求生态文明的过程中具有一个独特的地位"[45]。而事实上，对于中国而言，不是可能领导世界进入人类生态文明新时代，是在实实在在地领导世界进入人类生态文明新时代。在全球生态文明建设上，没有哪个国家像中国这样大力度全方位地推进生态文明建设，也没有哪个国家像中国这样把全球生态文明建设视为自身的责任与义务，并自觉地通过自身的行动去推动全球生态文明建设，推动美丽世界建设，实现世界人民的共同梦想。中国是一个负责任的大国，也是一个历史悠久、文明源远流长的大国，建设生态文明，既是中国自身文明发展的内在要求，也是人类文明要实现可持续发展赋予中国的历史责任。这个责任是无法推卸的。中国不仅要坚定维护经济的全球化，也要坚定推动生态文明建设的全球化，与世界各国人民一同在全球生态文明建设过程中建设人类生态文明新时代，构建人与自然生命共同体。可以说，在当下，不仅社会主义生态文明进入了新时代，全球生态文明建设也因为中国的生态文明建设进入了一个新的历史时代。在这个新的历史时代，人类一定可以借助于全球生态文明建设，把人类历史与人类文明带到一个新的发展阶段。

“面对生态环境挑战，人类是一荣俱荣、一损俱损的命运共同体，没有哪个国家能独善其身。唯有携手合作，我们才能有效应对气候变化、海洋污染、生物保护等全球性环境问题，实现联合国 2030 年可持续发展目标。只有并肩同行，才能让绿色发展理念深入人心、全球生态文明之路行稳致远。”[46]中国不仅要身体力行帮助发展中国家建设自己的生态文明，还要尽自身的能力“敦促发达国家承担历史性责任，兑现减排承诺”[47]。在全球生态文明建设上，中国责无旁贷，中国作为“全球生态文明建设的重要参与者、贡献者、引领者”[48]，已通过自身的努力让生态文明理念和实践造福世界人民、造福人类社会。在共谋全球生态文明建设的大路上，“中方秉持‘授人以渔’理念，通过多种形式的南南务实合作，尽己所能帮助发展中国家提高应对气候变化的能力。从非洲的气候遥感卫星，到东南亚的低碳示范区，再到小岛国的节能灯，中国应对气候变化南南合作成果看得见、摸得着、有实效。中方还将生态文明领域合作作为共建'一带一路'重点内容，发起了系列绿色行动倡议，采取绿色基建、绿色能源、绿色交通、绿色金融等一系列举措，持续造福参与共建'一带一路'的各国人民"[49]。"中国愿同各国一道，共同建设美丽地球家园，共同构建人类命运共同体。"[50]在全球生态文明建设中，在美丽地球家园建设中，世界各国与世界人民，"只要心往一处想、劲往一处使，同舟共济、守望相助，人类必将能够应对好全球气候环境挑战，把一个清洁美丽的世界留给子孙后代"[51]。美丽世界建设是一个长期的历史过程，不是一年两年就能建设成的，也不是十年二十年就能建设好的，它需要世界人民锲而不舍地努力和长期坚定不移地坚持。我们不能因为建设它有难度就放弃梦想，也不能因为这个理想比较遥远就放弃追求。我们坚信，通过全球生态文明建设，通过构建人与自然生命共同体，通过构建人类命运共同体，我们一定能够把这个生我们养我们的地球家园建设得更和谐更美丽。

党的十八大以来，以习近平同志为核心的党中央胸怀天下，聚焦清洁美丽世界建设与地球美丽家园建设，"在高质量共建'一带一路'过程中，中国始终注重将绿色发展理念贯穿其中，与各方携手建设更紧密的绿色发展伙伴关系。一系列绿色项目有效助力当地可持续发展，为推进全球环境治理、构建人与自然和谐共生的地球家园作出实实在在的贡献"[52]。例如，在埃及南部的阿斯旺省，由中国浙江正泰承建的165.5兆瓦本班光伏项目顺利移交埃方运营维护，"埃及首个'太阳能村'、全球最大的光伏产业园之一——本班光伏产业园正有序运转，为埃及绿色能源发展提供新动能"[53]。在大西洋东岸，在南非北开普省德阿镇的广袤山地上，由中国国家能源集团龙源南非公司承建并运营的德阿风电项目在2017年建成投运，“每年为当地供应稳定的清洁电力约7.6亿千瓦时，相当于节约20多万吨标准煤，减排二氧化碳60多万吨”[54]。再如，在塞尔维亚首都贝尔格莱德，“2020年1月，中国机械设备工程股份有限公司（以下简称‘中设集团’）与塞建设部签署贝尔格莱德中心区域城市污水处理和处置项目总承包合同，中方为贝尔格莱德中心区域提供一套完整的污水收集、处理和处置系统，日均污水处理量将达到44.8万立方米，年污水处理量可填满6.4万个标准游泳池，覆盖该市150万人口，处理后的污水完全满足欧盟标准”[55]。“为找到最佳施工方案，中设集团在贝尔格莱德设定12处污水水质水量监测设施，对该市污水进行了长达一年半的监测及数据汇集、处理，制定最适合当地情况的污水和污泥处理方案，并确定采用盾构施工法，最大程度降低对居民生活的干扰。此外，中方团队还将贝尔格莱德市区抗洪和预防城市内涝等能力考虑在内，让项目的长远规划更加清晰。”[56]这些真实生动的案例告诉我们，中国通过自身的生态文明建设实践与绿色技术积累，为全球生态文明建设与清洁美丽世界建设做出了自己应有的贡献。

第七章　满足人民的美好生活需要：社会主义生态文明建设的出发点与落脚点

随着中国特色社会主义进入新时代，我国社会主要矛盾也实现了重大转变。“我国社会主要矛盾已经转化为人民日益增长的美好生活需要和不平衡不充分的发展之间的矛盾。”[1]我国社会主要矛盾的转变告诉我们，对于美好生活的需要与向往，已成为广大人民群众最为现实的需要。中国特色社会主义新时代的社会主要矛盾，也决定着这个时代“是全国各族人民团结奋斗、不断创造美好生活、逐步实现全体人民共同富裕的时代”[2]。因而，在中国特色社会主义新时代，社会主义现代化建设必然要围绕这个社会主要矛盾展开。作为中国特色社会主义事业“五位一体”总体布局的社会主义生态文明建设，必然要以解决新时代的社会主要矛盾为主要目标。也正是从这个意义上讲，社会主义生态文明建设，必然要把满足人民的美好生活需要作为出发点与落脚点。让自然生态系统与生态环境变得更加完善与完美，更能满足人们对美好生活的需要，是生态文明建设的本质体现，也是人类自身追求更好地生存与可持续发展的必要举措和必然要求。建设生态文明，促使人与自然和谐共生，就是“要创造更多物质财富和精神财富以满足人民日益增长的美好生活需要”[3]，就是在实现好、维护好、发展好最广大人民的根本利益。

一 美好生活的内涵与人民美好生活需要的层次性

什么是美好生活，不同的人也许会有不同的认识与回答。但从唯物主义历史观的视角来讲，一定历史时代的美好生活，总是取决于这个历史时代的生产方式与社会发展状况，一定历史条件下的现实个人的美好生活，总是与现实个人从事什么样的生产、进行什么样的实践活动相一致。美好生活，既是历史的，也是现实的，还是未来的。美好生活体现了历史与实践的统一，也体现了理想与现实的统一。在不同的历史时代，人们不仅对美好生活有认识的不同，在对美好生活的需要上还存在层次上的差异。

（一）美好生活的内涵与现实性

习近平说：“人民对美好生活的向往，就是我们的奋斗目标。”[4]在党的十九大报告中，习近平再次强调：“带领人民创造美好生活，是我们党始终不渝的奋斗目标”[5]。在中国革命、建设与改革的不同历史时期，人民对美好生活的理解与认识是不太一样的，但无论在哪个历史阶段，人民所向往的美好生活，必然是中国共产党人的奋斗目标。人的美好生活需要总是在不断发展的，当旧的美好生活需要得到满足之后，就会在此基础上产生新的美好生活需要。随着中国特色社会主义进入新时代，“人民美好生活需要日益广泛，不仅对物质文化生活提出了更高要求，而且在民主、法治、公平、正义、安全、环境等方面的要求日益增长”[6]。由此可见，新时代人民对美好生活的需要，相比于过去而言，不仅要求更高，需要面也更广，是一种在内涵上更加丰富、在内容上更加全面的美好生活。中国特色社会主义新时代，人民对美好生活的需要与人民追求全面发展和实现共同富裕是一致的。

对于美好生活我们必须要有一个科学而正确的认识，只有这样我们才能更好地实现自身的美好生活。人们对美好生活的需要，是在其社会生产与现实生活中产生的。不同的社会，不同的历史时代，人们所产生的美好生活需要是不一样的。人们对美好生活的需要，不能脱离其所处的社会，特别是其所处社会的历史条件与经济社会发展状况。我们在衡量一个时代的美好生活需要的时候不应以满足人们的物品为尺度，而应以社会为尺度。也就是说我们应该用一个时代的社会发展状况与水平来衡量一个历史时期人们对美好生活的需要。对于一定历史时期的人们而言，美好生活需要不仅具有历史性，也具有现实性。美好生活需要的历史性与现实性决定着我们在对其进行理解与把握时，既要从历史的维度来考察与分析，也要在实践中来理解与认识。此外，在对美好生活的认识与把握上，既要有理想的视角，更要有现实的维度。

首先，必须指出的是，美好生活绝不是一种抽象的、充满诗情画意脱离现实的生活状态与生活方式。抽象的美好生活是不具有现实性的，充满诗情画意的美好生活在现实生活中难以实现可持续发展。美好生活当然带有人民对自身生活与社会生活的美好向往，但这种向往必须建立在现实的基础之上，必须要有现实的物质文化条件支撑，也需要具有实现的可能性。没有现实的可能性和物质文化基础作为支撑的美好生活，就是空中楼阁与蓬莱幻象。一定意义上的美好生活总是建立在一定历史条件的基础之上的。对于任何一个历史时代的人而言，具有现实性的美好生活，一定是一种可以实现的生活。

其次，美好生活是既源于现实又在一定程度上高于现实的更好的生活状态与生活方式，也就是说，美好生活是蕴含着一定理想成分的。美好生活的理想成分，既有个人意义上的，也有社会意义上的。美好生活并不是一个静态的美好画面，而是不断发展与升华的生活画卷。既是现实生活的展开，也是现实生活的不断升华与发展，是一种动态的呈现，是一种随着社会的发展而不断发展、随着社会的进步而不断进步的生活状态与生活方式。美好生活，既要给人民一种生活的美，更要给人民一种好的生活，还要给人民生活带去更多获得感与满足感。人民对美好生活的向往与追求，体现了社会的发展与进步。满足人民合理的、现实的美好生活需要，是新时代所要解决的主要问题，也是中国共产党人在新时代的新使命、新任务。

最后，美好生活要靠每一个人的努力奋斗与辛勤劳动。美好生活不会自己跑来，也等不来靠不来，只有在努力奋斗与辛勤劳动中，我们才能过上美好生活。过上美好生活，是我们每一个人的向往与人生追求，但要实现它，只能靠努力奋斗与辛勤劳动，没有什么捷径可走。正如习近平所说的那样："人世间的一切幸福都需要靠辛勤的劳动来创造。"[7]同样，人民要过上美好生活，也要靠辛勤的劳动来实现。财富是在劳动中创造的，幸福是在劳动中创造的，美好生活也是在劳动中创造与实现的。只有在劳动中才能创造美好生活，只有在奋斗中才能过上美好生活。只要坚持党的领导，坚定不移地走中国特色社会主义道路，不断地解放与发展生产力，建设社会主义生态文明，建设美丽中国，我们就一定能够满足人民对美好生活的需要。

总的来讲，美好生活就是一种既寄托着人民的人生理想与人生追求，又与社会的发展水平和发展要求相一致的生活方式与生活状态，也是一种比现有的生活更美好的生活方式与生活状态，其提升了人民的获得感与幸福感，体现了人类文明的进步，同时也反映了人类历史的前进方向。人们就是在追求美好生活的奋斗中推动历史进步的。

（二）人民美好生活需要的层次性

每个时代有每个时代的美好生活，每个时代的人们有对每个时代的美好生活的追求。美好生活，都是一定历史条件下的美好生活，都是一定时代的美好生活，也是一定语境中的美好生活。美好生活的条件性、历史性与时代性，决定着美好生活的多样性与多层次性。美好生活是有层次性的。美好生活的层次性与人的需要是紧密相关的。人的需要具有多样性和层次性。按照马斯洛需求层次理论[8]，人有不同的需要层次，即生理需要、安全需要、归宿和爱的需要、尊重需要、认知需要、审美需要、自我实现需要与超越需要八个不同的层次。人总是在较低层次的需要得到满足之后才产生较高层次的需要，但对于人来讲，越低层次的需要，其力量越大、潜力越大，其对人的驱动力也越大。在马克思主义需要理论看来，人的需要是社会发展的动力，人类社会就是在不断满足人的需要的基础之上不断发展的。人的需要会促进社会的发展，而社会的发展会使人产生新的需要，新的需要又会促进新的发展。人的需要既是不断发展的，也是在发展中不断丰富的。从生活的角度讲，人满足自身需要的过程就表现为人的生活。由于人的需要的产生与发展是有层次的，所以人的需要的层次性决定着人们对美好生活的需要也具有层次性。

对于现实生活中的个人而言，由于每个现实的人的具体情况不同，他们对美好生活的理解与感受不同，所以他们具有不同层次的美好生活需要。对于一些年长又比较传统的人来讲，可能他们心目中的美好生活就是儿孙满堂或三世同堂；对一些在城市漂泊没有自身房产的人来说，可能他们心目中的美好生活是拥有一套有自主产权的房产；对一些生活在生态环境比较差的地方的人来说，可能他们的美好生活是蓝天与新鲜的空气以及绿水青山；对一些刚过贫困线的人来说，可能他们的美好生活就是过上小康的生活。由此可见，人们对美好生活的需要是多样的、多层的。美好生活的层次性，可以从多重维度来理解。美好生活包括美好物质生活层次和美好精神生活层次。美好生活也可以划分为美好的物质生活、美好的精神生活、美好的政治生活与美好的社会生活等不同的层次。从美好生活实现的难易程度讲，层次也是多样的，有的美好生活是比较容易实现的，有的则较难实现，有的美好生活可以通过短时期的奋斗实现，而有的美好生活需要经过长时期的艰苦奋斗才能实现。从主体的角度讲，美好生活可以分为个人的美好生活、群体的美好生活、社会的美好生活等不同的层次。如果只是从个人对美好生活的理解与认识来看，美好生活的层次就更加复杂与多样，每个人职业的差异性会导致对美好生活的需要也具有差异性与层次性，每个人所处的年龄阶段不同会导致对美好生活的需要存在差异性与层次性，每个人所处的地域不同也可能会导致对美好生活的需要具有差异性与层次性。

此外，对于美好生活的层次划分，我们还可以从阶级或阶层的角度来理解。比如在资本主义社会中，有资产阶级的美好生活，也有无产阶级的美好生活，还有处在这两个阶级之间的中间等级的美好生活。从社会阶层的角度来讲，不同的社会阶层对美好生活的认识与需要层次也是不同的，中产阶层有中产阶层的美好生活，上层阶层有上层阶层的美好生活，下层阶层有下层阶层的美好生活。对于一个橄榄型社会而言，中产阶层的美好生活在社会上占主导地位。美好生活的层次性决定着我们在满足人民美好生活需要的时候，要考虑不同个人、不同群体、不同阶层在需要上的差异性，也要考虑在现有的历史条件下，对于不同层次、不同水平的美好生活，能满足的程度以及满足层次的优先性问题。

二　美好生活是社会主义生态文明的题中应有之义

从生活的维度来把握与认识社会主义生态文明，是党的十八大以来以习近平同志为核心的党中央对社会主义生态文明进行科学认识与全面把握的三个重要维度之一。另两个维度就是生产维度和生命维度。之所以要从这三个基本维度来理解与把握生态文明，最为重要的原因就是，社会主义生态文明与人的生产活动、生活活动和生命活动是紧密联系在一起的。从社会主义生态文明的历史诉求角度讲，社会主义生态文明至少有三大历史诉求，第一个历史诉求就是对生产方式变革的历史诉求，这个历史诉求也是社会主义生态文明最为根本的历史诉求。第二个历史诉求就是对生活方式变革的历史诉求，这个历史诉求是社会主义生态文明至关重要的历史诉求。社会主义生态文明的第三个历史诉求，就是对生命存在方式与发展方式的历史诉求。这也是社会主义生态文明十分重要的一个历史诉求。社会主义生态文明的三大历史诉求，也是把握社会主义生态文明的三个重要维度。其构成社会主义生态文明内涵的三个重要方面。对于生态文明而言，从生产的维度，特别是从生产方式的维度来把握与认识其内涵，是生态文明区别于其他文明，特别是区别于工业文明的最为根本的尺度。对于生态文明而言，其诉求的生产方式是一种以实现人与自然和谐共生为价值目标的社会生产方式。这种生产方式与以生产剩余价值并实现剩余价值最大化的资本主义生产方式有着本质性的区别。生态文明诉求的生产方式是以实现人与自然和谐共生为价值目标的，从而也决定着建立在其上的生态文明必然不同于建立在以获取生产剩余价值并实现剩余价值最大化的资本主义生产方式基础上的工业文明。从生产的维度，或者说从生产方式的维度来理解与把握生态文明，这是最为传统的方式。

对生态文明仅从生产方式的维度来做解释是不够的，因为从文明的角度讲，其不仅仅是生产的问题，还是生活的问题。从生活的角度讲，文明指向的就是人的生活方式与生活状态，不同的文明体现了不同的生活方式与生活状态，不同的生活方式与生活状态构成了不同文明的生活底蕴，因而理解生态文明是不能缺少生活视角的。但也不能从一般生活的视角去解读生态文明。正如上面所提到的那样，生态文明对生活方式变革是有历史诉求的。这也告诉我们，生态文明诉求的生活，绝不是一般意义上的生活。在资本主义工业文明时代，整个社会生产是以生产剩余价值为目的，因而，在这样的文明社会中，人们的生活也必然是服从这个目的，当人们的生活不是以实现个人的美好生活为目的，而是服从于生产剩余价值，人们的生活就不可能美好，也不可能和谐与幸福。长期以来资本主义生产方式与生活方式导致了人与自然关系的异化，并在事实上造成了全球生态危机与人们的生存危机。因此，从生活的角度讲，只有变革资本主义社会的生活方式，才能构建一种以实现人与自然和谐共生为目标的现代生活方式。也就是对于生态文明而言，不仅生产方式要以实现人与自然和谐共生为目标，生活方式也同样要以实现人与自然和谐共生为目标。生态文明诉求的现实生活，是一种人与自然和谐共生的现实生活。人与自然和谐共生的生活，也是人类美好生活的崇高境界，也就是说我们对美好生活的需要，是蕴含着我们对人与自然和谐共生关系的现实追求的。这也告诉我们，对于生态文明而言，与之相适应的生活是人与自然和谐共生的生活。而人与自然和谐共生的生活，也是我们的美好生活追求。

社会主义生态文明的基本内涵是包含美好生活的，美好生活是社会主义生态文明的题中应有之义，无法撇开美好生活来理解与认识社会主义生态文明的基本内涵。对于社会主义生态文明建设而言，满足人民的美好生活需要，既是其出发点，也是其落脚点。人民有美好生活需要，就必然有对生态文明的向往。把美好生活融入社会主义生态文明，社会主义生态文明才能体现其社会主义本性，社会主义生态文明才能展现其人民性。满足人民的美好生活需要，是党的十八大以来以习近平同志为核心的党中央对全体中国人民作出的庄严承诺，这个庄严承诺凝结着党的初心与使命，是中国共产党人践行党的宗旨的现实行动与时代表现。中国特色社会主义事业“五位一体”总体布局，就是围绕中国特色社会主义新时代的社会主要矛盾展开的，也是围绕满足人民日益增长的美好生活需要这个主要任务去布局的。生态文明建设作为中国特色社会主义事业“五位一体”总体布局中“五位”的“一位”，也是中国特色社会主义新时代全面建设社会主义现代化的至关重要的“一位”。对于社会主义生态文明建设而言，其所要实现的现代化，是人与自然和谐共生的现代化。这个人与自然和谐共生的现代化，就是中国特色社会主义新时代所要实现的社会主义现代化的主要特征与主要内涵，也是中国式现代化区别于资本主义现代化的重要标志。对于社会主义现代化建设而言，满足人民的美好生活需求，就是其建设的主要目标，也是其建设的基本内容。在中国特色社会主义新时代，社会主义生态文明建设与社会主义现代化建设是同步的，社会主义生态文明建设是社会主义现代化建设在中国特色社会主义新时代的着力点与推动器。在中国特色社会主义新时代，社会主义现代化建设主要表现为人与自然和谐共生的现代化建设。而人与自然和谐共生的现代化建设，就是社会主义生态文明建设。在中国特色社会主义新时代，社会主义现代化建设所要解决的社会主要矛盾就是“人民日益增长的美好生活需要和不平衡不充分的发展之间的矛盾”[9]。因而，从社会主义生态文明建设与中国特色社会主义新时代社会主义现代化建设所要解决的社会主要矛盾的角度讲，人民的美好生活必然是社会主义生态文明的题中应有之义，建设社会主义生态文明也必然要以满足人民的美好生活需要为主要目标。对于社会主义生态文明与美好生活之间的关系而言，社会主义生态文明是美好生活的基础，美好生活蕴含于社会主义生态文明之中。

三 社会主义生态文明建设能满足人民对高品质物质生活的需要

从唯物主义历史观与马克思主义生态文明观的角度讲，生态文明与物质文明是紧密联系的。物质文明体现的是人与自然的关系，生态文明反映的也是人与自然的关系。虽然物质文明与生态文明所体现或反映的都是人与自然的关系，但在人与自然的关系方面，二者反映或体现的维度还是有所不同的。物质文明对人与自然关系的把握和认识的主要维度是物质生产与人工产品，而生态文明对人与自然关系的了解和认识更侧重于生态与环境维度。这种维度的不同，也使得二者在理解与把握人与自然的关系方面有着很大的不同。虽然二者的认识维度或把握视角有所不同，但生态文明说到底还是物质文明，只是生态文明作为一种新的物质文明，作为一种更高发展形态的物质文明，其与传统意义上的物质文明形式有很大区别。从一定的角度讲，生态文明是物质文明的升华。也正是因为如此，生态文明建设，也是物质文明建设，但生态文明所要追求的物质文明不同于已有的工业文明已实现的物质文明。生态文明所要追求的物质文明是一种物质生产或经济社会发展与自然和谐共生的物质文明，是一种人与自然和谐共生的物质文明。随着人类社会的发展与人类文明的进步，人民对物质文明的建设要求更高了，而人民对物质文明建设的高要求，与人民对物质生活的更高要求和日益增长的美好生活需要是紧密联系在一起的。更高的物质生活需求、日益增长的美好生活需要，必然需要更高水平的物质文明建设，而要实现物质文明的更高水平发展，就需要对旧有的物质文明进行扬弃与变革。生态文明作为一个更高水平与更高发展形态的物质文明，其就是对旧有物质文明进行扬弃与变革的产物。实现旧有的物质文明向更高水平与更高发展形态的生态文明的转变与转型，既是人民对高品质物质生活需要的驱动，也是满足人民美好生活需要的客观要求。

人民的美好生活，从其实质的角度讲，就是高品质生活。关于高品质生活，每个人的理解可能有所不同，一般来讲，高品质生活，就是一种能够满足自身生存与发展需求又能推动社会发展，并在这个过程中使自己与家人变得更加幸福与快乐的生活方式与生活态度。高品质生活，不仅是一种积极进取与乐观向上的生活方式与生活态度，也是一种健康快乐与自由发展的生活方式与生活状态，还是一种有利于社会发展与人类文明进步的生活方式与生活理念。从物质生活与精神生活的角度讲，高品质生活，既包括高品质的物质生活，也包括高品质的精神生活。高品质的精神生活建立在高品质的物质生活的基础之上。一般来说，没有高品质的物质生活，就很难有高品质的精神生活。高品质的物质生活与高品质的精神生活是相辅相成、相互促进的。但无论是高品质的物质生活，还是高品质的精神生活，都离不开社会经济的发展。当经济社会发展到一定水平时，人们对高品质的物质生活的需求就会增加。高品质的物质生活与高质量的经济增长是相辅相成的。高品质的物质生活需要社会生产力的高质量发展来满足，而经济的高质量发展又需要对高品质物质生活的追求与向往来支撑和驱动。没有高质量的经济增长与社会生产力的高质量发展，就无法为人们提供高品质的物质生活，同样，没有人们对高质量的物质生活的追求与向往，社会就不会有社会生产力高质量发展的内在需求。在当下，社会主义生态文明建设，是可以满足人们对高品质的物质生活的需要的。之所以如此认为，究其原因就在于，社会主义生态文明建设对社会生产力的发展是有要求的，其不仅要追求社会生产力的高质量发展，还要追求社会生产力的平衡发展与充分发展。社会生产力的高质量发展是社会主义生态文明建设的历史条件与现实基础，没有社会生产力的高质量发展，就不会有真正意义上的社会主义生态文明建设。社会主义生态文明对社会生产力的发展是有其历史诉求的。只有满足了社会主义生态文明建设对社会生产力的高质量要求，社会主义生态文明建设才能为人们提供高品质的物质生活。社会主义生态文明建设就是要实现绿色发展，而实现绿色发展，也就是要实现社会生产力的高质量发展或经济社会的高质量发展。因为只有这样，社会主义生态文明建设才能满足人民日益增长的美好生活需要，特别是满足人民日益增长的美好物质生活需要。

“环境就是民生，青山就是美丽，蓝天也是幸福”[10]，绿水、青山、蓝天，寄托了人民对美好生活的向往，也构成了满足人民高品质物质生活需要的物质基础与生态保障。改善人民的物质生活，提高人民的物质生活水平，让人民过上高品质的物质生活，是社会主义的本质要求，也是新时代中国特色社会主义的历史使命。“发展经济的根本目的是更好保障和改善民生。”[11]同样，建设社会主义生态文明的根本目的是更好地保障与改善民生。在社会主义生态文明建设中抓环境就是抓民生，把环境抓好了，把生态保护抓好了，把生态建设抓好了，民生也就好抓了。人民的物质生活需求是最基本的民生，而多年来影响人民物质生活与身体健康的一个突出问题就是环境污染与生态环境破坏。因此，抓好民生，最为基本的就是抓好人民的物质生活，就是要不断提升人民的物质生活水平，不断满足人民对高品质物质生活的需要。但在现实生活中，人民物质生活的好与坏、品质高不高，与其所生活的自然环境和生态环境是紧密联系在一起的。自然环境与生态环境是人民物质生活的基础，既是改善人民物质生活的基础，也是提升人民物质生活水平的基础。高品质的物质生活离不开良好的生态环境，良好的生态环境是高品质物质生活的前提与保障。“良好生态环境是最公平的公共产品，是最普惠的民生福祉。”[12]社会主义生态文明建设，就是要通过保护生态、改善生态来为人民提供良好的生态环境，从而满足人民对高品质物质生活的需求。人民对美好生活的需要，包括生态环境方面的需求。生态环境好不好，其影响的不仅仅是人民的居住环境与生产环境，还影响着社会生产力的发展。但无论是人民的居住环境与生产环境，还是社会生产力的发展，都影响着人民的物质生活水平与物质生活质量。对于广大人民群众而言，干净的水、绿色的山野、清新的空气、绿色食品或有机食品，都已成为高品质物质生活的需要。

在当前，社会生产力发展的不平衡不充分，不仅“已经成为满足人民日益增长的美好生活需要的主要制约因素”[13]，也对社会主义生态文明建设构成了严重制约。发展不平衡不充分已成为社会主义生态文明建设需要重点突破的问题。因为只有这个问题得到了解决，社会生产力才能实现高质量发展，而只有社会生产力实现了高质量发展，才能满足人民高品质的物质生活需要，而质量不高的发展，是无法满足人民群众个性化、多样化、不断升级的高品质物质生活需求的。“高质量发展，就是能够很好满足人民日益增长的美好生活需要的发展，是体现新发展理念的发展，是创新成为第一动力、协调成为内生特点、绿色成为普遍形态、开放成为必由之路、共享成为根本目的的发展。”[14]“不平衡不充分的发展就是发展质量不高的表现”[15]，因而要实现高质量发展，形成人与自然和谐发展的现代化建设新格局，就必须改变不平衡不充分发展这个现状。生态环境是高质量发展的战略要地，只有保护好、建设好这个战略要地，才能实现高质量发展。因此，要进一步关心生态环境，保护生态环境，改善生态环境，加快生态文明建设步伐，使生态文明建设在快速道上发展。由此可见，在中国特色社会主义新时代，建设社会主义生态文明，就是在建设高质量发展的战略要地，就是在推动高质量发展，也是在满足人民日益增长的高品质物质生活需要。

四　社会主义生态文明建设能满足人民对美的生活需要

何谓美？在黑格尔看来，“美是理念，即概念和体现概念的实在二者的直接的统一”[16]，“是理念的感性显现”[17]，其本身是“无限的、自由的”[18]。美本身之所以是无限的、自由的，其缘由就在于，美是理念，理念的本性是自由，因而美本身必然是自由的。从黑格尔关于美的种类来讲，美有自然美和艺术美之区分，“艺术美是由心灵产生和再生的美，心灵和它的产品比自然和它的现象高多少，艺术美也就比自然美高多少”[19]。黑格尔把自由看作美的本性，也意味着在黑格尔哲学的视域中，美的生活，是一种自由的生活。但这种自由的生活，不是从现实出发的，而是从抽象的精神观念出发的。黑格尔关于美的解读虽然是一种唯心主义的解读，但黑格尔把美与自由联系起来，对于人们加深对美的理解有着十分重要的理论启发意义。在唯物主义历史观看来，美的理念，源于人们的现实生活，人们是从自身的现实生活获得自身的美的理念与对美的认识。在不同的历史时代，人们对美的理解与把握也是不太一样的。一个时代有一个时代的审美，一个时代有一个时代的美的观念。一个时代的审美以及美的观念，既孕育于这个时代的现实生活之中，也对这个时代的现实生活具有指引作用。创造美的事物，构建美的世界，塑造美的人生，享受美的生活，是人们现实生活的基本内涵，也是我们现实生活孜孜不倦的追求。

追求美，向往美的生活，是人的本性之体现，也是人的自由之体现。生活是蕴含着美的，没有美就没有生活，没有对美的追求，就不会有人类社会的发展与人类文明的进步。人类社会以及人类文明发展的历史，也可以说是一部人类不断追求美、创造美、享受美的历史。生态文明建设既蕴含着人类对美的追求，也是人类创造美的实践活动。没有美的维度的生态文明建设，不是真正意义上的生态文明建设，不创造美的东西、美的环境的生态文明建设，也不是真正意义上的生态文明建设。生态文明建设，从美的角度讲，就是美的建设与美的创造，就是现代社会人们对美的生活的向往与追求，就是现代社会人们按照美的原理或美的规律来生活。生态文明建设，既要保护自然之美，也要创造社会之美，还要建设生态之美。无论是自然之美、社会之美还是生态之美，都是我们美的生活的重要构成部分。也就是说美的生活，既蕴含自然美的维度，也蕴含社会美与生态美的维度。生态美既体现了自然美，也展现了社会美，在生态美中实现了自然美与社会美的完美结合。

美的生活，就是自然美的生活。自然美的生活，简单地讲，就是自然能给予人美的感受的现实生活。美的生活是社会美的生活，社会美的生活，就是一种社会给予人美的体会的现实生活。美的生活就是生态美的生活，生态美的生活，就是生态环境给予人美的体验与美的享受的现实生活。美的生活不同于一般的物质生活，它是一种精神生活。美的生活是高于物质生活的，是物质生活在美的维度上的升华。美的生活，是从美的维度来理解的人的精神生活，其提供给人的也是精神愉悦。美的生活，与一般的精神生活也有所不同，相比于一般精神生活而言，其给人的愉悦感更强，更能让人沉浸在精神的快乐之中。当人们的物质生活达到一定高度的时候，人们就会产生对美的生活的需要。作为人的高层次的社会生活而存在的美的生活，对经济社会发展的要求更高。过去的粗犷式的经济社会发展方式是无法真正满足人们对美的生活的需要的。要真正满足人们对美的生活的需要，就需要走绿色发展的道路，就需要建设社会主义生态文明。只有在社会主义生态文明建设中，才能更好地满足人们对美的生活的需要。

美蕴含于社会生活中，也展现在我们的物质生产实践活动中。生态文明建设，说到底也是人的物质生产实践活动。但生态文明建设这种特具现代美感的物质生产实践活动，对美的要求更高，对美的物质载体的要求也更高。生态文明建设蕴含了人民对美的新理解与更高要求。过去，我们基于生存的需求，基于快速发展的需求，对美的理解是不够的。就像在温饱问题还没有解决的历史时代，能吃饱是我们的最大追求，我们不会太在意食物本身是否美味或能否给人带来愉悦。但当人们的温饱问题解决之后，人们对食物的需求就不再是简单的基于胃的判断，而是有了更多美的视角与美的要求。在这样的新视角与要求下，物质生产就不能仅仅是物质生产，同时也要具备美的生产维度与能够生产美的能力。也就是说，在生态文明建设中，物质生产已不同于过去的一般意义上的物质生产，生态文明要求下的物质生产需要把产品作为艺术品来生产，在产品生产中加入美的元素。用黑格尔的话来讲，就是要赋予产品艺术美。这种新的更高的要求，就必然需要对传统的物质生产方式进行变革，对传统的物质文明建设方式进行变革。这样的变革也呼唤新的物质文明建设来满足人们对美的需求和对美的生活的需求。而在当今时代，能够满足人们对美的生活需要的物质文明，就是生态文明。社会主义生态文明建设，就是要满足人们对美的产品需求，从而满足人们对美的精神生活需求。

中国特色社会主义新时代，人民对美好生活的向往，其本身就蕴含着人民对美的生活的向往，美的生活是美好生活的基本维度与基本意蕴。美的生活，不仅需要美的产品，也需要优美的生态环境。优美的生态环境构成了美的生活的物质基础，是美的生活不可或缺的重要内涵。在中国特色社会主义新时代，人民群众对优美生态环境的需要已成为社会主要矛盾的重要方面，也正是因为如此，其也成为社会主义生态文明建设的重要目标与出发点。建设社会主义生态文明，不仅可以“让自然生态美景永驻人间，还自然以宁静、和谐、美丽”[20]，还能“提供更多优质生态产品以满足人民日益增长的优美生态环境需要”[21]。全面推进社会主义生态文明建设，就是要“让人民生活在天更蓝、山更绿、水更清的优美环境之中”[22]，就是要“让人民群众在绿水青山中共享自然之美、生命之美、生活之美”[23]，就是要让人民在美的生态环境中过上美的生活，在美的生活中欣赏美的生态环境。总而言之，建设社会主义生态文明，就是让中国人民过上美的生活，也是让世界人民过上美的生活。只有社会主义生态文明建设好了，自然生态环境才能更美，人民的绿色家园才能更美，人民的美好生活才能更美。

总而言之，对于社会主义生态文明建设而言，满足人民日益增长的美好生活需要，无论是人民日益增长的美好物质生活需要，还是人民日益增长的美好精神生活需要，都是其建设的出发点，也是其建设的落脚点。人民对美好生活的热切需要，必将加快中国生态文明建设的步伐。

第八章　构建人与自然生命共同体：社会主义生态文明建设的责任担当

在社会主义生态文明建设中，构建人与自然生命共同体，不但是社会主义生态文明建设的重要内容，也体现了社会主义生态文明建设的人类担当。生态文明建设是一个长期的历史过程，要夯实生态文明建设的社会基础，就需要打造一个坚实的建设平台，人与自然生命共同体就是这样一个建设平台。生态文明是一种在内涵与主题上不同于已有的工业文明的新文明形态。实现人与自然和谐共生是生态文明的核心目标，而构建人与自然生命共同体，也以实现人与自然和谐共生为核心目标。二者的目标是一致的，因此，从人类文明建设的角度讲，实现人与自然和谐共生就是生态文明，从社会共同体或社会有机体的角度讲，就是人与自然生命共同体。可以说，构建人与自然生命共同体就是在建设社会主义生态文明。同样，建设社会主义生态文明，也必然要借助于构建人与自然生命共同体来推进。

一　人与自然生命共同体的内涵与特征

人与自然生命共同体理念，既是我们对马克思主义关于人与自然关系的创新与发展，也是我们对马克思主义共同体思想的创新与发展。人与自然生命共同体理念的提出与构建，是有深刻的历史原因与时代背景的。“人类进入工业文明时代以来，在创造巨大物质财富的同时，也加速了对自然资源的攫取，打破了地球生态系统平衡，人与自然深层次矛盾日益显现。近年来，气候变化、生物多样性丧失、荒漠化加剧、极端气候事件频发，给人类生存和发展带来严峻挑战。新冠肺炎疫情持续蔓延，使各国经济社会发展雪上加霜。”[1]要解决工业文明时代以来地球生态环境的破坏与失衡、人与自然关系的失调与深层次矛盾的凸显等问题，就需要有一种新的理念来提供新的解决思路与方法，也需要有新的行动来扭转全球生态环境恶化的趋势，来“共谋人与自然和谐共生之道”[2]。构建人与自然生命共同体，就是当代中国在自身生态文明建设的实践中所提出的新理念，也是当代中国为全球生态文明建设提供的中国智慧与中国方案。

人与自然生命共同体，是人类命运共同体思想在人与自然关系上的体现，构成了人类命运共同体最为坚实的基础，是人类命运共同体这个大厦的根基。但需要指出的是，人与自然生命共同体不是人类命运共同体的子概念与子系统，二者都属于社会共同体的范畴，都符合社会主义的本质要求。人类不仅自身是一个命运共同体，还与自然构成了生命共同体。人类这个命运共同体是建立在人与自然这个生命共同体基础之上的，离开了自然，人类这个命运共同体是无法生存的。因此，构建人类命运共同体，就必然要构建人与自然生命共同体，反之，构建人与自然生命共同体，必然有利于构建人类命运共同体。人类命运共同体构建应以人与自然生命共同体构建为前提，人与自然生命共同体构建为人类命运共同体构建提供了坚实的基础与有力的支撑。

在理解与把握人与自然生命共同体的内涵时，可以从两个维度入手。一是从人的维度入手，在唯物主义历史观看来，人不仅是属于一定社会形式与历史时代的人，还是带有其所处的历史时代烙印的人。人作为现实的人，“无疑是有生命的个人”[3]，而有生命的个人要满足自身肉体组织的需要，或作为一个有机生命体生存的需要，就必然会在满足自身肉体组织需要的过程中与自然产生关系。也就是说人是通过自然来满足自身的肉体组织需要的。“人靠自然界生活”，自然界不仅“是人的精神的无机界”，“也是人的生活和人的活动的一部分”。[4]人与自然的关系，既表现为“人是自然界的一部分”[5]，也表现为自然界“是人的无机的身体”[6]。“自然不仅给人类提供了生活资料来源，如肥沃的土地、鱼产丰富的江河湖海等，而且给人类提供了生产资料来源。”[7]因此，从人作为一个生命体的角度讲，人必须与自然形成共同体关系，事实上从人的角度讲，人与自然就是共同体。人与自然的共同体关系是从人诞生以来就存在的。在人与自然这个生命共同体中，人类对自然的伤害，最终会演变为对人类自身的伤害。同样，在人与自然这个生命共同体中，“人类在同自然的互动中生产、生活、发展，人类善待自然，自然也会馈赠人类”[8]。

二是从自然的维度讲，自然的存在远远早于人的存在，自然与人的关系是人在满足其物质生活需要的物质生产实践中产生的。从自然本身的角度讲，自然不仅包含无机的世界，也包含有机的世界。而有机的世界就是一个包含各种生命的世界，在这个世界中既有人这种生命，也有植物、动物等其他生命。自然界的各个生命之间不仅与无机界进行物质与能量交换，各个生命体之间也存在物质变换关系以及其他联结。因此，自然与人的关系，可以具体为人与自然界各种生命之间的关系。人的存在离不开其他生命的存在，人的存在也影响着其他生命的存在。自然界的不同生命之间相互依存，也使得自然界本身就是一个生命共同体。自然本身作为一个生命共同体，是一个自发的生命共同体。而我们现在所要建构的人与自然生命共同体是有别于自然界存在的自发的生命共同体的。作为自发的生命共同体，其本身存在许多缺陷，也存在很多依靠自身无法克服与解决的矛盾，在自发的生命共同体中，不同生命体之间的和谐关系，无法依靠其自身的力量得到长久的维持。从二者属性或本性的角度讲，自然界本身存在的生命共同体，自发性与自然属性是其特征与本质属性，而对于我们正在建构的人与自然生命共同体而言，自觉性与社会属性是其特征与本质属性。因此，人与自然生命共同体，从本质属性的角度讲是一个社会共同体，但这个社会共同体又不同于国家这样的社会共同体，它与国家这种虚幻的社会共同体有本质上的区别，人与自然生命共同体是更为真实的社会共同体。之所以这么说就在于我们要构建的这个生命共同体，不是以从少数人或少数群体的利益出发去构建的，也不是站在少数人或少数群体的立场上去构建的。我们要构建的人与自然生命共同体，其立场是全人类，其构建的出发点是全人类的共同利益与根本利益。其维护的不仅是全人类的共同利益与根本利益，还包括其他生命体的生存权与发展权。

总的来说，人与自然生命共同体，就其内容来说，就是在人与自然和谐共生关系的建构中所形成的人与自然之间生命与共以及“万物各得其和以生，各得其养以成”[9]的方式、状态与机制。人与自然生命共同体，如只是基于地球而言，就是地球生命共同体。从地球生命共同体的角度讲，构建人与自然生命共同体，就是“构建人与自然和谐共生的地球家园”[10]。只有在人与自然这个生命共同体中，人以及人类社会才能实现健康与可持续发展，才可能实现与保障每个人的自由与全面发展。

二 人与自然生命共同体与社会主义生态文明之内在关系

党的十八大以来，以习近平同志为核心的党中央对生态文明的内涵作了科学而全面的理解与把握，实现了生态文明内涵的创新与拓展。具体来讲，从生命维度入手，把生命共同体引入生态文明的内涵之中，使得生态文明的内涵更加科学与全面。从生态文明这个概念的构成来讲，其由“生态”与“文明”两个词构成。生态的底色就是绿色，绿色是生命的象征，因此，生态说到底指向的是生命。生态文明包含的生态，从实质的角度讲必然指向生命。此外，从文明或文明社会与共同体的关系来讲，文明社会与社会共同体也是有着紧密关系的。我们可以借用恩格斯在《家庭、私有制和国家的起源》中的一个观点或论断来加以表述：“国家是文明社会的概括。”[11]在马克思恩格斯的历史观与国家观中，国家就是作为社会共同体而存在的，国家作为社会共同体是与原始社会自然形成的狭隘自然共同体相对立的一个概念。不同的文明社会对应不同的国家形态，不同的国家形态体现了不同的文明发展形态或文明发展类型，与奴隶文明社会对应的是奴隶制国家，与封建文明社会对应的是封建国家，与资本主义文明社会对应的是资本主义国家，与社会主义文明社会对应的是社会主义国家。既然生态指向的是生命，而文明或文明社会对应的又是社会共同体，因此，与生态文明对应的共同体就是人与自然生命共同体。既然国家可以用来概括文明社会，那么我们也可以用人与自然生命共同体来阐释社会主义生态文明。人与自然生命共同体虽然是社会主义生态文明的重要内涵，但这只是从生命的维度来解读与把握生态文明。对于生态文明而言，除了生命维度之外，还应把握其生产维度与生活维度，不同的维度对生态文明的解读是不一样的，对其内涵的侧重点的认识也必然不太一样。但无论是从生产的维度来把握，还是从生活的维度来认识，抑或从生命的维度来理解，对生态文明精神实质的认识应该是一致的。只有抓住了生态文明的精神实质，才能形成对生态文明的全面认识与科学认知。

人与自然生命共同体和社会主义生态文明虽不是两个在内涵上完全相同的概念，但绝对是两个在精神内核与核心价值上相一致的概念。从二者所蕴含的核心价值理念与精神内核的角度讲，社会主义生态文明和人与自然生命共同体在精神实质上是一致的。因此，人与自然生命共同体才能成为社会主义生态文明内涵的重要组成部分，成为社会主义生态文明的基本意蕴。对于人与自然生命共同体来讲，其最为核心的价值理念就是人与自然和谐共生。人与自然和谐共生，既是构建人与自然生命共同体的价值原则，也是构建人与自然生命共同体所要实现的价值目标。同样，对于社会主义生态文明而言，人与自然和谐共生，不仅是其精神内核，也是建设社会主义生态文明所要遵循的主要价值原则，还是建设社会主义生态文明所要达到的价值目标。由此可见，对于人与自然生命共同体和社会主义生态文明而言，人与自然和谐共生，就是二者共有的核心价值理念和精神内核。共有的核心价值理念与精神内核把人与自然生命共同体和社会主义生态文明紧紧捆绑在一起，使其成为两个表现形式不同但在精神实质上高度一致的概念。这也告诉我们，在理解与把握社会主义生态文明的内涵时，要结合人与自然生命共同体，同样在理解和把握人与自然生命共同体的内涵时，要把其与社会主义生态文明联系起来。人与自然生命共同体和社会主义生态文明在核心价值理念与价值目标上的一致性，决定着社会主义生态文明建设的世界历史意义与人类文明进步价值。换句话讲，就是社会主义生态文明建设的世界历史意义与人类文明进步价值体现在人与自然生命共同体的构建中。

对于人与自然生命共同体，其不仅是社会主义生态文明的重要内涵，也是社会主义生态文明建设所要实现的主要目标，是社会主义生态文明所要肩负起的人类担当。从人与自然关系的角度讲，人与自然生命共同体和社会主义生态文明，在内容上是高度重叠的，人与自然生命共同体是人与自然和谐共生的生命共同体，而社会主义生态文明则是人与自然和谐共生的生态文明，一个是从社会共同体的角度来谈人与自然和谐共生关系的建设，一个是从人类生态文明的角度来讲人与自然和谐共生关系的建设。也正是因为如此，建设社会主义生态文明，就必须要构建人与自然生命共同体，同样，在中国特色社会主义新时代构建人与自然生命共同体也必然是在建设社会主义生态文明。对于社会主义生态文明而言，要实现人与自然和谐共生的目标，就必须把人与自然生命共同体的构建作为自身的主要目标与要实现的理想。建立在人与自然和谐共生基础之上的人与自然生命共同体的形成，是社会主义生态文明所要实现的理想目标。如果这个理想目标实现了，整个人类社会就真正进入了生态文明时代，即一个与资本主义工业文明时代在性质上截然不同、在文明演进形态上更高的人类文明新时代。也正是从这个角度讲，只有社会主义生态文明才把构建人与自然生命共同体作为自身的价值目标与理想追求，究其原因就在于社会主义生态文明要构建人与自然和谐共生关系，在社会主义生态文明建设中所形成的人与自然和谐共生关系，最终表现在社会结构上，就是人与自然生命共同体。换句话讲，人与自然生命共同体，从其实质的角度讲，是社会主义生态文明建设中所形成的人与自然和谐共生的关系。人与自然和谐共生关系不断生成的过程，是构建人与自然生命共同体的过程，也是社会主义生态文明追求自身理想目标与实现自身价值目标的过程。

三 构建人与自然生命共同体的主要路径与重要原则

“建设生态文明是中华民族永续发展的千年大计。”[12]在生态文明建设中，构建人与自然生命共同体，也是功在当下、利在千秋的人类伟业。人与自然生命共同体构建不好，社会主义生态文明就很难建设好，美丽中国也将难以建设好。在人与自然生命共同体的构建过程中，我们一定要“像保护眼睛一样保护生态环境，像对待生命一样对待生态环境”[13]，把自身与自然视为一个相互依存、和谐共生的生命共同体。

（一）建构人与自然生命共同体的主要路径

一项新的社会实践活动，需要有新的思想观念来指引，一项新的社会实践活动，也需要对旧有的思想观念进行改造与变革。构建人与自然生命共同体，是中国特色社会主义进入新时代的一项新的社会实践活动。要把这项新的实践活动做好，必然要求人们在人与自然关系的认识上实现思想变革与观念转变，需要有新的理念与新的思想观念来支撑。从国内的角度讲，要构建好人与自然这个生命共同体，需要在全社会树立绿色价值理念和社会主义生态文明观。要树立以“绿水青山就是金山银山”为核心的绿色价值理念，在社会生产与社会生活中注重自然价值与生态价值的生产与保护。此外，还要在全社会树立社会主义生态文明观。构建人与自然生命共同体，是社会主义生态文明建设的重要内容与责任担当，“我们要牢固树立社会主义生态文明观，推动形成人与自然和谐发展现代化建设新格局”[14]，为保护自然生态环境、为构建人与自然生命共同体做出贡献。从全球的维度来看，要构建人与自然生命共同体，需要在全世界范围内树立绿色价值理念和人类命运共同体理念，特别是要树立人类命运共同体理念。人类命运共同体和人与自然生命共同体是有内在关系的。人与自然生命共同体是人类命运共同体构建的基础，人类命运共同体是人与自然生命共同体在人类社会领域的延伸。只有世界各国与世界人民树立了相应的理念，世界各国人民才能自觉地主动地去构建人与自然生命共同体和人类命运共同体。

要构建人与自然生命共同体，就需要对现存的生产方式与生活方式进行变革，特别是对资本主义大工业以来所形成的现存的生产方式与生活方式进行变革。对现存的社会生产方式与生活方式进行变革是构建人与自然生命共同体的根本途径。一般来讲，有什么样的生产方式，就会有什么样的生活方式与之相适应，要对现存的生活方式进行变革，首先需要对现存的生产方式进行变革。而要使现存的生产方式发生变革，一是要使现存的生产关系发生变革，二是要实现社会生产力的重大发展与进步，或新的社会生产力获得了一定程度的发展。而后者是使现存的生产方式发生变革的最主要的途径，也是最根本的途径。在现代社会，科学技术是发展社会生产力的首要驱动力量与实现社会生产力变革的主要力量，因此，在现代社会，要实现社会生产力的巨大变革，就需要大力发展现代科学技术。可以说，没有现代科技革命，就不会有现代生产力的巨大发展与进步，没有现代科技革命，也不会有具有强大生命力的新的社会生产力的产生与发展。构建人与自然生命共同体，离不开社会生产力的重大发展与进步，也离不开现代高科技的创新与变革。构建人与自然生命共同体，既建立在现代社会生产力的重大发展与巨大进步的基础上，也需要现代高科技来支撑与推动。人与自然本就是生命共同体，但由于现存的生产方式与生活方式，特别是资本所主导的生产方式与生活方式，对这个生命共同体的健康存在与良性发展造成了巨大的损害，因而，必须要对其进行变革。从根本上讲，只能依靠现代科技革命来推动与促使现代生产力的发展与变革，从而实现生产方式与交换方式的变革。

构建人与自然生命共同体，必须走绿色发展的道路。绿色发展理念，是构建人与自然生命共同体必须要遵循的重要理念。绿色发展道路，是构建人与自然生命共同体必定要走的重要道路。绿色，既是自然的底色，也是生命的本色。构建人与自然生命共同体，既要彰显自然的底色，也要擦亮生命的本色。绿色发展，与构建人与自然生命共同体是非常契合的。人与自然生命共同体，是人与自然和谐共生的生命共同体，绿色发展是一种秉承人与自然和谐共生的可持续发展，绿色发展就是要实现经济社会发展的绿色转型与绿色变革，与其他的发展理念与发展方式相比，保护自然、守护生命是绿色发展的内在使命与客观要求。由此可见，绿色发展关注的不仅仅是经济社会的可持续发展，也关注自然保护与生命守护，是一种把生命至上放在中心位置的发展理念与发展方式。在实现绿色发展的过程中，世界各国有必要组建绿色发展国际联盟，一同践行绿色发展理念，一同走绿色发展道路，一同构建人与自然生命共同体。人与自然生命共同体的构建，说到底就是人与自然和谐共生关系的构建，这就需要顺应自然、尊重自然、道法自然、合理利用自然。人的命在自然，只有把自然保护好了，把生态环境建设好了，人的命才能永续。人的命运与自然的命运是紧密联系在一起的，自然的命运是人的命运的根基，只有人的命运与自然的命运紧密相连，人与自然才能和谐共生，而要实现这一切，就必须对人类社会现存的发展方式进行变革。绿色发展，就是这一变革的产物。绿色发展道路必然是构建人与自然生命共同体的重要路径，也是必然要走的道路。这条道路走得如何决定着人与自然生命共同体构建的进程与好坏。只有走绿色发展道路，我们才能找到通往人与自然生命共同体的康庄大道，才能找到开启人与自然生命共同体大门的钥匙。

统筹全球生态环境治理，构建全球环境治理体系，也是构建人与自然生命共同体的重要路径。自从人类社会进入工业文明时代以来，全球生态环境并没有因为资本主义工业文明的发展而变得越来越好，而是变得越来越差。全球生态环境遭受了前所未有的破坏，人类的生存与发展环境也随之日益恶化。在这样的状况下，人与自然这个生命共同体遭受了前所未有的危机。人类从未像现在这样强烈地意识到人与自然是生命共同体。在过去，我们深知人离不开自然，但对于人与自然关系的认识，特别是对人与自然关系构建的认识，没有上升到生命共同体这个高度。在这样的认识下，人很难意识到自身的活动对生态环境的破坏会对人自身的长远发展造成什么影响，更无法把自身与其他生命视为一个生生相惜的共同体。但当我们意识到了生态环境的破坏会深深影响到人类的命运、危及自身生命安全时，如何治理已被破坏的生态环境、如何保护已有的自然生态，就成为当下的紧迫任务。如何统筹全球生态环境治理、如何构建全球环境治理体系，也必然成为有担当的国家与民族的责任与义务。当今世界范围的生态危机与环境危机，不是哪一个国家、哪一个民族可以独自解决的，也不是哪一个国家、哪一个民族可以置之身外、独善其身的，需要世界各国与世界人民来统筹解决、携手解决。在当前，只有实现了生态环境治理的全球统筹，在世界范围内构建了全球环境治理体系，我们才能扭转全球生态环境进一步恶化的趋势，才能在全球范围内保护生态环境，建设我们的绿色家园。也只有这样，我们才能携手共进一同构建好人与自然生命共同体。没有全球生态环境的统筹治理，没有全球环境治理体系的构建，人与自然生命共同体的构建就无从谈起。

（二）构建人与自然生命共同体的重要原则

构建人与自然生命共同体，必须要有构建的原则。构建人与自然生命共同体，需要世界各国同舟共济、共同努力，也需要全世界人民同舟共济、共同努力。在构建人与自然生命共同体、建设人类绿色家园这个人类的共同梦想面前，“任何一国都无法置身事外、独善其身”[15]，世界各国和世界人民只有在坚持共同原则的前提下，才能有序推进人与自然生命共同体的构建。因此，确立构建人与自然生命共同体的原则并依照原则构建是十分重要的。如果没有科学合理的构建原则，人与自然生命共同体的构建就无法有序进行，也就难以取得相应的成效与成就。

第一，人与自然和谐共生，是构建人与自然生命共同体的首要原则，也是根本原则。在构建人与自然生命共同体的实践活动中，坚持人与自然和谐共生的原则，就是要求人们在社会生产与社会生活中，对自然要有序开发，而不能无序开发，要合理利用与友好保护，而不是粗暴掠夺与野蛮破坏。自然，不仅是人类当下的生存与发展依托，“也是人类走向未来的依托”[16]。失去了自然这个依托，对于人类而言，既失去了当下，也失去了未来。“生态环境没有替代品，用之不觉，失之难存。”[17]只有留得青山绿水在，人类才会有未来。正如中国古代的思想家荀子所认为的那样："万物各得其和以生，各得其养以成。"（《荀子·天论》）只有人与自然和谐，人才能与自然共生，只有人"多干保护自然、修复生态的实事，多做治山理水、显山露水的好事"[18]，自然才能养育人，人才能与自然并生，人与自然之间的物质变换才能有序与可持续，不同生命体之间才能和谐共生。自然是人赖以生存与发展的物质基础，人只有在与自然和谐共处、和谐共生中才能发展自己，才能推动人类文明不断进步。

第二，构建人与自然生命共同体，要坚持尊重生命、保护生命、维护生命尊严的原则。这应是人与自然生命共同体构建的重要原则。生命，是人与自然这个生命共同体存在的根据，没有生命就没有人与自然这个生命共同体，也就没有这个生机盎然的大千世界。不同生命体如何在这个生命共同体中共存与共生，是人与自然生命共同体存在的意义。失去了这个意义，也就失去了构建人与自然这个生命共同体的意义。要做到不同生命体在这个生命共同体中的共存与共生，就需要秉承尊重生命、保护生命、维护生命尊严的原则。首先，要做到在人与人这个生命共同体中，坚持生命至上，尊重人的生命价值与维护人的生命尊严。如果每个人的生命价值无法得到实现、每个人的生命无法得到尊重，人与人在这个生命共同体中就无法和谐共生，人对人的关系就会像狼对狼的关系。其次，在人与其他生命体这个生命共同体中，人要尊重和保护其他生命体，要把自身与其他生命体看作一个命运共同体。人的世界，不仅仅是人一种生命体的世界，而且是人与其他生命体共存共生的世界。在人的世界里，不能没有其他生命体的存在，人与其他生命体是相互依存、相克相生的关系。只有坚持生命至上，保护其他生命体，尊重其他生命体的价值，人才能长期存在与可持续发展。人的历史同生命的历史相比，是非常短暂的，在生命的历史进程中，很多生命体因为人类的活动而消失了，如果这种趋势不加以扭转的话，最后人类也会因为其他生命体的逐渐消失而消亡。只有保持生物的多样性，保护不同生命体的生命权利，人类自身才能走得更远，人类社会才能发展得更好，人类文明才能不断演进。

第三，构建人与自然生命共同体，要坚持系统构建的原则。在构建的过程中，要把人与自然当作一个系统来整体构建，要把人与其他生命体当作一个有机系统来整体构建。之所以要在人与自然生命共同体构建中坚持系统原则，原因就在于人与自然的关系就是生态关系。“生态是统一的自然系统，是相互依存、紧密联系的有机链条。”[19]在人与自然这个生命共同体中，不仅人类本身是生命共同体，山水林田湖草也是生命共同体，山水林田湖草这个生命共同体与人类这个生命共同体，构成了一个更大的生命共同体。正如习近平所说的那样：“人的命脉在田，田的命脉在水，水的命脉在山，山的命脉在土，土的命脉在林和草。”[20]因此，在构建人与自然生命共同体的过程中，如果我们缺乏系统性思维与整体思维，人与自然这个生命共同体建设是很难有成效的，反之，我们在构建中，坚持系统构建原则，则容易取得最佳效果。“比如，治理好水污染、保护好水环境，就需要全面统筹左右岸、上下游、陆上水上、地表地下、河流海洋、水生态水资源、污染防治与生态保护，达到系统治理的最佳效果。”[21]人与自然作为生命共同体，是相互依存、紧密联系的生态系统，要把这个生态系统建设好，“我们要按照生态系统的内在规律，统筹考虑自然生态各要素，从而达到增强生态系统循环能力、维护生态平衡的目标”[22]。

第四，构建人与自然生命共同体，要坚持以人为本的原则。坚持以人为本的原则，就是坚持以全人类的根本利益和共同利益为本的原则，也是坚持以世界人民的福祉为中心的原则。在构建人与自然生命共同体中，坚持以人为本的原则，不等同于坚持人类至上的原则，也不等同于坚持人类中心主义的原则。坚持人类至上的原则就是在人类的实践活动中把人的利益放在其他生命体的利益之上的原则，就是在人的利益与其他生命体的利益发生矛盾或冲突时可以牺牲其他生命体利益的原则，也是一种为了满足人的私利可以肆意牺牲其他一切生命体的原则。坚持人类中心主义原则与坚持人类至上原则，虽在表述方式上有所不同，但在本质上是一致的。坚持人类中心主义原则，是一种在人与自然的关系中，在人与其他生命体的关系中，人是中心，自然或其他生命体要从属于人这个中心的原则，这个原则同样追求的是人的利益最大化，确切地讲是个人利益的最大化。坚持人类至上的原则，是不利于人与自然生命共同体构建的，从一定意义上讲，人与自然和谐关系的破坏，或人与自然关系的异化，与人们在社会生产中坚持人类至上的思想或坚持人类中心主义的思想是紧密联系的。坚持以人为本的原则，既要在维护全人类的根本利益与共同利益的基础上来构建人与自然生命共同体，也强调以世界人民的福祉为中心，不断增强世界人民的获得感、幸福感和安全感。此外，在人与自然生命共同体构建中，坚持以人为本，还要发挥世界人民的主体作用，让构建人与自然生命共同体的活动成为世界人民自觉自主的活动。

第五，构建人与自然生命共同体，应坚持多边主义原则。构建人与自然生命共同体，是人类共同的历史使命，也是生活在地球上的所有国家和民族义不容辞的责任。这个责任需要大家共同担当，而大家共同担当这个责任，就需要避免单边主义行为。单边主义对于构建人与自然生命共同体是非常有害的。有一些全球性问题之所以没有得到很好解决，或者久拖不决，与个别国家奉行单边主义是有直接关系的。越是全球性问题，越需要世界各国承担相应的国际义务与历史责任，就越需要坚持多边主义的解决方案。在当今世界，任何一个民族，任何一个国家，仅凭自身的力量，是无法构建好人与自然这个生命共同体的。地球是全人类的共同家园，也是一个生命共同体，要把地球这个生命共同体建设好，要把人与自然这个生命共同体构建好，需要国际合作与共享发展，需要世界人民的共同努力与携手并进。因而，只有践行真正的多边主义，才能真正推动人与自然生命共同体的全球构建。在构建人与自然生命共同体活动中，坚持多边主义，就是“要坚持以国际法为基础、以公平正义为要旨、以有效行动为导向，维护以联合国为核心的国际体系”[23]，就是要“遵循《联合国气候变化框架公约》及其《巴黎协定》的目标和原则，努力落实 2030 年可持续发展议程”[24]。多边主义是国际合作的理念，也是人类共享发展的价值支撑，只有坚持多边主义，世界各国才能携手共进，共同努力构建人与自然生命共同体和地球生命共同体。

第六，构建人与自然生命共同体，必须坚持共同但有区别的责任原则。构建人与自然生命共同体，既是我们每个人的共同责任，也是每个民族、每个国家的共同责任。但每个人的能力是不同的，每个民族、每个国家的发展程度与发展水平也是有差异的。因此，每个人、每个民族、每个国家，在承担自己的责任和履行自己的义务时，是无法实现责任的均摊、义务相同的。在构建人与自然生命共同体的过程中，每个人、每个民族、每个国家，都应根据自身的实际情况来承担责任。也就是说每个国家承担的责任，不仅应与其发展水平相适应，也应与其国力的强弱相一致。因此，在构建人与自然生命共同体的责任划分上，发展中国家应不同于发达国家，发达国家不应按照自身的标准来要求发展中国家。虽然发展中国家与发达国家在责任承担上有区别，但无论对于发达国家而言，还是对于发展中国家而言，构建人与自然生命共同体是大家共同的责任，也是不可推卸的责任。此外，发达国家在资金、技术、能力上有更多的优势，因此发达国家应给予发展中国家资金资助与技术帮扶，以帮助发展中国家提升其履行责任的能力。

四　构建人与自然生命共同体彰显了中国的责任担当

在人与自然生命共同体的构建中，人作为这个生命共同体的一部分，是具有能动性与创造性的一方。换句话讲，人与自然生命共同体建构得好与坏、牢固与不牢固，一般不是取决于自然那一方，而是取决于人这一方。在人与自然生命共同体中，这个“人”不仅仅是个体意义上的人，更是集体意义上的人，是处在一定社会关系中的现实的个人及集合体。正如人类历史的前提是现实的个人及集合体一样，人与自然生命共同体构建活动的前提也是现实的个人及集合体。现实的个人在其实践活动中创造了人类历史，随着现实的个人在其实践活动中对人与自然关系的进一步认识与科学把握，其必然也会认识到人与自然是生命共同体，必然也会认识到自身就是这个生命共同体构建的唯一具有主动性与能力的主体。一旦人意识到自身是人与自然生命共同体构建的主体，其主体意识就会被唤起，作为构建主体的责任也会被激发出来。也正是从这个意义上讲，构建人与自然生命共同体彰显了人类的责任担当。构建人与自然生命共同体就是人类践行其生态责任的重要体现，也是人类对自身负责的重要体现。中国特色社会主义新时代，“是我国不断为人类作出更大贡献的时代”[25]。在中国特色社会主义新时代，以习近平同志为核心的党中央带领全党全国人民奋力构建人与自然生命共同体，是社会主义中国不断为人类做出自身更大贡献的表现。构建人与自然生命共同体体现了新时代的精神内涵与特征，彰显了新时代的价值追求与使命呼唤。

生态责任，是随着人类社会的发展与人类文明的进步所衍生出来的人类责任。人类，从类的角度讲，不仅有其最为原始的繁衍后代的自然使命，也有其在社会发展中所产生的其他责任。生态责任就是人的社会责任在自然领域或生态环境领域的延伸，是人的社会责任的一种。生态责任作为现代文明人的社会责任，不仅体现在人的物质生产活动中，也体现在人的社会生活中。生态责任就是作为人与自然和谐共生关系构建的主体，在社会生产与社会生活中所应承担的保护生态与建设生态的义务与职责。人的生态责任的形成，与人对自然与自身关系的正确认识和科学把握是分不开的。生态责任，要求人在自身的社会生产与社会生活中，要尊重自然、顺应自然、保护自然，履行人对自然的义务。人之所以对自然有义务，究其原因就在于，人在自身的生存与发展中产生了对自然索取与占有的权利，这种权利也同人的其他权利一样，需要义务来背书。从社会正义的角度讲，权利与义务是要对等的也是要对称的。“没有无义务的权利，也没有无权利的义务。”[26]人对自然享有权利，那自然而然要对自然履行义务，这是天经地义的事情，也是人类社会的正义事业。人只有对自然有付出，才有权利对自然索取。人只有对自然尽到了责任与义务，才能坦然地接受自然的回馈，人与自然的关系才能变得和谐，人才真正与自然形成了生命共同体。生态责任，不仅仅是人对自然应尽的道德责任，也是我们应该遵守的法律责任。谁污染环境，谁破坏生态谁就应受到法律的惩戒与道德的谴责。为了更好地让人们践行自身的生态责任，“中国将生态文明理念和生态文明建设写入《中华人民共和国宪法》，纳入中国特色社会主义总体布局”[27]，出台了一系列保护生态环境的法律法规以及工作规定、工作办法等。例如《中华人民共和国湿地保护法》《中华人民共和国噪声污染防治法》《中华人民共和国森林法》《中华人民共和国长江保护法》《中华人民共和国固体废物污染环境防治法》《中华人民共和国矿产资源法》《中华人民共和国野生动物保护法》《中华人民共和国循环经济促进法》《中华人民共和国大气污染防治法》《中华人民共和国土壤污染防治法》《中华人民共和国海洋环境保护法》《中华人民共和国水污染防治法》《中华人民共和国环境保护法》《中央生态环境保护督察工作规定》《中央生态环境保护督察整改工作办法》等。这是中国作为负责任的大国在履行自身的生态责任方面所迈出的十分重要的一步，这一步也是全球生态文明建设向前推进的非常重要的一步，是社会主义生态文明建设制度化、法律化的重要表现。

“人与自然是生命共同体，人类必须尊重自然、顺应自然、保护自然。”[28]构建人与自然生命共同体，建设生态文明，就是人类在履行自己的职责，在担负自身的责任。构建人与自然生命共同体，体现了中国的三个担当。首先是对中国人民的担当。坚持以人为本是构建人与自然生命共同体的重要原则，这个原则在中国的具体践行，就是在构建人与自然生命共同体中坚持人民至上、坚持生命至上。坚持人民至上，就是坚持构建人与自然生命共同体是为了中国人民的长远利益与根本利益，是为了中国人民的当下幸福与健康。坚持生命至上，就是要在人与自然生命共同体的构建过程中，尊重每个国民、每个人的生命价值与尊严，为中华民族的生命延续保驾护航。因此，构建人与自然生命共同体，是对中国人民负责的表现，也是对广大人民群众的时代担当。为了更好地担负起建设生态文明的责任来，党和国家制定与完善了一系列的制度来压实责任。例如，“建立健全自然资源资产产权制度、国土空间开发保护制度、生态文明建设目标评价考核制度和责任追究制度、生态补偿制度、河湖长制、林长制、环境保护‘党政同责’和‘一岗双责’等制度，制定修订相关法律法规”[29]等。随着各种制度与法规的建立健全，生态文明建设就有了更好的保障。建立健全各类生态文明建设制度，其本身也体现了党和国家对人民的担当。构建人与自然生命共同体，就是要为中国人民建设美丽中国，就是要为中国人民创造良好的生产生活环境，就是要为中国人民谋幸福、为中华谋复兴、为国家谋富强。

其次是对世界人民的担当。构建人与自然生命共同体，不仅是为了中国人民的长远利益与根本利益、为了世界人民的共同利益与长远利益，也是为了世界人民的美好生活。无论是中国人民，还是世界其他国家的人民，都生活在人与自然这个生命共同体之中，都生活在地球这个生命共同体之中。人与自然这个生命共同体，既寄托与承载着中国人民的福祉，也寄托与承载着世界人民的福祉。正如构建人与自然生命共同体，不是某个民族、某个国家凭一己之力就能实现的一样，任何一个民族，任何一个国家，构建人与自然生命共同体，也不能只是基于本国人民的利益和立场，同样也需要站在世界人民的立场上。中国是一个社会主义国家，社会主义国家的本质决定着中国在推进构建人与自然生命共同体的过程中，更是基于世界人民的立场，更是从世界人民的根本利益与共同利益出发。构建人与自然生命共同体，是世界人民的共同事业，是世界人民的历史责任与现实义务，中国在构建人与自然生命共同体的过程中，展现了对世界人民的担当。“截至 2020 年底，中国与 100 多个国家开展生态环境国际合作与交流，与 60 多个国家、国际及地区组织签署约 150 项生态环境保护合作文件。从设立气候变化南南合作基金，到启动中非环境合作中心，再到强调将生态文明领域合作作为共建‘一带一路’重点内容，中国行动受到国际社会广泛赞誉。联合国环境规划署执行主任英厄·安诺生认为，一个强有力的、中国深度参与其中的多边体系，是扭转全球生物多样性保护形势的关键。不久前，中国宣布将大力支持发展中国家能源绿色低碳发展，不再新建境外煤电项目。国际社会普遍认为，中方的决定‘为实现更宏伟的气候目标打开了大门’，体现了中国在应对气候变化问题上的领导力，彰显了中国负责任大国的格局与担当。”[30]

最后是对全人类的担当。倡导人类命运共同体理念，构建人与自然生命共同体，是中国给世界可持续发展与全球生命文明建设提供的中国智慧与中国方案，体现了中国的大国担当，也展现了中国的全人类担当。每个民族、每个国家，只有担起自身的人类责任，才能把人与自然生命共同体构建好。中华民族，是人类大家庭中的一员，人类发展得好不好、人与自然生命共同体构建得好不好，我们也是有责任的。对于中国而言，担负起这份责任，不仅要把自身的生态文明建设好，还要与世界各国建立绿色发展国际联盟，“同世界各国深入开展生态文明领域的交流合作”[31]，与世界各国人民携手建设生态良好的地球美好家园。“中国绿色发展为世界贡献了中国方案。2016 年，联合国环境规划署发布《绿水青山就是金山银山：中国生态文明战略与行动》报告。中国的生态文明建设理念和经验，正在为全世界可持续发展提供重要借鉴。”[32]中国竭尽自身之力，在世界范围内倡导人类命运共同体理念，构建人与自然生命共同体，就是在自觉主动地履行自己的国际义务，就是在自觉主动地肩负自身的人类担当，就是在自觉主动地为世界和平与人类文明进步尽到自己应尽的责任，就是在自觉主动地为人类以及人类社会的永续发展和全球生态安全做出自己应有的贡献。在中国特色社会主义新时代，在世界百年未有之大变局的历史时期，在全球生态文明建设的历史进程中，“我们要解决好工业文明带来的矛盾，以人与自然和谐相处为目标，实现世界的可持续发展和人的全面发展”[33]。“生态文明建设关乎人类未来，建设绿色家园是人类的共同梦想。中国将继续携手各国共筑生态文明之基，同走绿色发展之路，持续汇聚构建人与自然生命共同体的强大力量。”[34]

第九章　在社会主义生态文明建设中创造人类文明新形态

在庆祝中国共产党成立100周年大会上的讲话中，习近平明确指出："我们坚持和发展中国特色社会主义，推动物质文明、政治文明、精神文明、社会文明、生态文明协调发展，创造了中国式现代化新道路，创造了人类文明新形态"[1]。从社会生产方式演进的角度讲，人类文明在其历史演进的过程中经历了农业文明、工业文明与生态文明三个发展阶段。农业文明是建立在农耕生产方式上的人类文明形态，工业文明是建立在大工业生产方式或大机器生产方式上的人类文明发展形态，而生态文明的诉求是实现对现存工业生产方式的变革，建立一种可以实现人与自然和谐共生的新的生产方式，也就是说，生态文明是一种建立在以实现人与自然和谐共生的生产方式上的人类文明新发展形态。生态文明不仅是对工业文明的超越，更是一种与旧的工业文明有本质不同的人类文明发展类型。

一　人类文明新形态的指向与创造进程

什么是人类文明新形态？其是如何创造出来的？在其创造的历史

进程中经历了哪些发展阶段？这是我们建设人类文明新形态首先要搞明白的重大问题。只有正确地把握了人类文明新形态的意蕴与指向，科学地认识了其创造进程，我们才能更好地推进人类文明新形态建设。

（一）人类文明新形态之指向

在我们这个时代，人类文明新形态概念或范畴的提出有其特定时代背景和特定现实基础。从现实基础的角度讲，以资本为主导的现代文明已出现各种各样的发展问题。这些问题是现代资本主义文明无法解决的，在不少学者看来，现代文明要继续向前发展，必须要实现发展道路与发展方式的转型，要走一条与现代资本主义文明不同的发展道路。当前，不同国家、不同民族的现代文明发展道路是不同的，甚至所走的发展道路在性质上是截然不同的。不可否认，中国特色社会主义发展道路是一条不同于其他国家或民族的文明发展道路，也是一条先进的符合历史发展方向的人类社会发展道路，在这条新的发展道路上产生了一种新的文明发展类型与人类文明新形态，这是具有历史必然性的。但有一个问题是需要我们界定的，那就是在中国特色社会主义道路上开创的人类文明新形态，是从何种意义上来讲的。从唯物主义历史观与马克思主义文明观的角度讲，人类文明新形态指的应是人类文明的一种新的发展类型。这种新的发展类型，既可以从人类文明发展形态来讲，其是一种新的发展形态，也可以从人类文明的某一发展形态的类型或表现形式的角度讲，其是人类文明某一发展形态所产生的新的发展类型或新的发展形式。

人类文明新形态，不仅可以指向某一种文明发展形态在其现实发展过程中所产生的新的发展类型与新的发展形式，还可以指向人类文明新产生的发展形态。社会主义文明相对于资本主义文明而言，就是人类文明的新的发展形态，也可以说是人类文明的一种新的发展类型。人类文明新形态，不仅是人类文明新的发展形态，也是人类文明新的发展类型，但人类文明新的发展类型，不一定指向人类文明新的发展形态，它有可能指向人类文明某一发展形态新产生的文明类型。例如，生态文明与工业文明相比，是人类文明的一种新的发展形态，而社会主义生态文明相比于资本主义生态文明而言，又是生态文明的新的发展类型，社会主义生态文明同样也可以称为人类文明新类型或人类文明新形式。通过以上分析，在理解与把握人类文明新形态的内涵时，特别是在理解某种人们称之为人类文明新形态的人类文明时，一定要明确其指向的是人类文明的新的发展形态，还是指向人类文明某种发展形态的新的发展类型与新的发展形式，抑或是二者兼有。对于一些学者所指出的在中国道路或中国特色社会主义道路上开创一种人类文明新形态，从现有语境的角度讲，或者说从现有的历史条件的角度讲，其指向的应该不仅是产生了一种人类文明的新的发展形态，还指向了社会主义文明这个人类文明新形态所产生的新的发展类型与发展形式。

对于当代中国而言，其正在建设的社会主义文明，代表的是世界社会主义文明的先进形态与典型形态。之所以如此认为，究其原因就在于社会主义文明与资本主义文明相比，它是人类文明的一种新的发展形态与新的发展类型。中国的社会主义文明不是社会主义文明的最初发展形态，也不是社会主义文明的第一种发展类型。也正是因为如此，在中国道路上，在中国特色社会主义道路上，创造的人类文明新形态，开创了中华文明的新形态与发展新阶段。随着社会主义文明建设进入中国特色社会主义新时代，社会主义文明建设必然在中国开出新的花朵、结出新的果实。在中国式现代化道路上，中国共产党领导中国人民在其社会主义现代化的建设实践中，在中华文明现代化的创新与发展中，开创了人类文明新形态。人类文明新形态，就是在中国特色社会主义道路上结出的人类文明的新果实，也是在世界百年未有之大变局的历史时期，为人类文明发展所指明的前进方向。

（二）人类文明新形态创造的历史进程

人类文明新形态的创造不是一蹴而就的，而是有一个创造的历史过程。要追溯人类文明新形态的创造历史，就必须追溯中国特色社会主义的开创、坚持与发展历史。中国特色社会主义的开创与实行改革开放、建设社会主义现代化是紧密联系在一起的。

人类文明新形态包含社会主义物质文明、政治文明、精神文明、社会文明、生态文明五个方面的基本内容。但这五个方面的基本内容并不是一开始就存在的，而是有一个不断演进与丰富发展的过程。人类文明新形态这五个基本内容的发展与形成过程，也可以说是人类文明新形态的创造与形成过程。因此，我们可以依据这五个基本内容的发展与形成过程来划分人类文明新形态创造的四个历史阶段。在人类文明新形态的创造过程中，推动社会主义物质文明与社会主义精神文明的协调发展，是人类文明新形态创造的萌芽阶段与初始阶段，也可以说是人类文明新形态创造的第一个历史时期。在这个历史时期，社会主义物质文明与社会主义精神文明，构成了人类文明新形态的基本内容，也奠定了人类文明新形态创造的根基。搞好物质文明与精神文明两个文明建设，做到物质文明和精神文明“两手抓，两手都要硬”，是这个历史时期人类文明新形态创造的显著特征。人类文明新形态的始创过程就是通过社会主义物质文明与社会主义精神文明的协调发展来推进的。也就是说，推动社会主义物质文明与社会主义精神文明共同发展、协调发展，开启了人类文明新形态创造的历史进程，并在社会主义物质文明和社会主义精神文明的协调发展中形成了人类文明新形态的雏形或最初的形态框架。

20世纪末，随着社会主义市场经济的快速发展，社会主义物质文明与社会主义精神文明建设都取得了重大的历史成就，与此同时，这也向社会主义政治文明建设提出了新的要求。因此，为了加强党的建设和社会主义民主政治建设，社会主义政治文明建设被提上党和国家建设的重要日程。推动社会主义物质文明、社会主义政治文明、社会主义精神文明的协调发展，特别是强调社会主义政治文明要与社会主义物质文明、精神文明协调发展，是人类文明新形态创造的第二个重要历史发展阶段。在这个历史发展阶段，人类文明新形态增加了社会主义政治文明这个新内容。社会主义政治文明成为人类文明新形态基本内容的重要构成部分，社会主义政治文明建设也构成了人类文明新形态创造的新的着力点，成为人类文明新形态创造的重中之重，也构成了这个重要历史时期人类文明新形态创造的实践特色与显性特征。此外，社会主义物质文明、政治文明、精神文明的协调发展与整体推进，标志着人类文明新形态进入了一个综合创造的过程，开启了人类文明新形态创造的一个新的历史发展阶段。至此，社会主义物质文明、政治文明、精神文明的有机统一构成了这个历史阶段人类文明新形态的基本内容，也使得人类文明新形态的轮廓进一步明晰起来。

随着社会主义经济建设、政治建设、文化建设、社会建设“四位一体”总体布局的形成，特别是随着社会建设上升为国家战略、成为“四位一体”总体布局的基本内容与建设重点，人类文明新形态的创造进入了第三个历史发展时期。在这个历史发展时期，在人类文明新形态的创造过程中，增加了社会主义社会文明这个新的内容。社会主义社会文明，不仅成为人类文明新形态在这个历史时期的最新内容，也构成了人类文明新形态创造的新的生长点与新的方向。社会主义社会文明，作为人类文明新形态创造的新内容与新的生长点，起始于党的十七大，并在党的十九大得到了进一步的明确与发展。在党的十九大报告中，以习近平同志为核心的党中央明确提出了社会文明的概念。因此，在人类文明新形态创造的第三个历史时期，人类文明新形态的基本内涵表现为社会主义物质文明、政治文明、精神文明、社会文明的有机统一，其创造也体现为物质文明、政治文明、精神文明、社会文明的协调发展与全面推进。毋庸置疑，在人类文明新形态的这个创造时期，社会主义社会文明建设是人类文明新形态创造的显著活动，也构成了这个历史时期人类文明新形态创造的重要特征。相比于第二个历史时期而言，人类文明新形态在这个发展阶段，其发展形态更加成熟，内涵也更加丰富。

在党的十七大报告中，党中央提出了生态文明建设的目标。党的十八大以后，以习近平同志为核心的党中央加大了对生态文明建设的重视力度，重点突出了生态文明建设的历史地位，“把生态文明建设纳入中国特色社会主义事业五位一体总体布局”，“把生态文明建设融入经济建设、政治建设、文化建设、社会建设各方面和全过程”[2]。至此，推动物质文明、政治文明、精神文明、社会文明、生态文明协调发展，成为新时代中国特色社会主义事业发展的重中之重。可以说，随着社会主义生态文明成为人类文明新形态的新内容，人类文明新形态的创造也进入了快车道与加速发展的历史阶段。党的十八大以来，党和国家强调物质文明、政治文明、精神文明、社会文明、生态文明的协调发展，最终不仅创造了中国式现代化新道路，还创造了人类文明新形态。因此，对于人类文明新形态的最终形成而言，推动社会主义生态文明与社会主义物质文明、社会主义政治文明、社会主义精神文明、社会主义社会文明的协调发展，把社会主义生态文明建设融入社会主义物质文明建设、政治文明建设、精神文明建设、社会文明建设的各方面与全过程，是最为紧要的任务，也是最为重要的实践活动。

总而言之，人类文明新形态的创造经历了几十年的历史发展过程，但加快人类文明新形态的创造步伐与创造进度，则是在中国特色社会主义进入新时代之后。人类文明新形态创造的最终完成，不仅开启了社会主义文明建设的新的历史方位，开启了中华文明发展的新时代，同时也开启了人类文明发展的新纪元。可以预见，人类文明新形态的建设与发展，必将引领人类文明的前进方向与人类历史的发展方向。

二　社会主义生态文明凸显了人类文明新形态之新

人类文明新形态，不是无特定语境与特定时代的一般概念。人类文明新形态是在社会主义物质文明、政治文明、精神文明、社会文明、生态文明的协调发展中创造的，也是在社会主义物质文明、政治文明、精神文明、社会文明、生态文明的协调发展中生成与发展的。在人类文明新形态的历史生成过程中，社会主义生态文明不仅构成了人类文明新形态的最新内容，也彰显了人类文明新形态之新。

（一）社会主义生态文明是人类文明新形态的基本内容

人类文明新形态的创造历史，也是人类文明新形态的内涵不断得到丰富的历史。在人类文明新形态创造的不同历史阶段，人类文明新形态所包含的基本内容不太一样，其在不同历史发展时期的特征也有所不同。对于在坚持和发展中国特色社会主义的历史进程中所创造的人类文明新形态而言，其不仅有特殊的历史条件，也有特定的意蕴与基本内容。对于人类文明新形态而言，它的内涵如同其创造过程一样也形成于社会主义物质文明、政治文明、精神文明、社会文明、生态文明的协调发展之中，也必然通过社会主义物质文明、社会主义政治文明、社会主义精神文明、社会主义社会文明、社会主义生态文明来呈现。从生成方式来看，人类文明新形态一定蕴含社会主义物质文明、社会主义政治文明、社会主义精神文明、社会主义社会文明、社会主义生态文明等基本内容。正是这些基本内容的有机构成，最终铸就了人类文明新形态这个重要概念的基本内涵与时代意蕴，也正是这五个基本内容，使得人类文明新形态不同于人类文明史上所出现过的任何文明形态。没有社会主义物质文明、政治文明、精神文明、社会文明、生态文明的协调发展，就没有人类文明新形态的历史生成与创造，也不会有人类文明新形态的科学内涵。人类文明新形态的五个基本内容，也可以说是人类文明新形态这个大系统中的五个子系统。对于人类文明新形态而言，这五个基本内容或五个子系统缺一不可。社会主义物质文明概念、社会主义精神文明概念、社会主义政治文明概念、社会主义社会文明概念与社会主义生态文明概念的先后提出，也是人类文明新形态的内涵不断丰富与发展的过程。

在坚持和发展中国特色社会主义道路上，社会主义生态文明与社会主义物质文明、社会主义政治文明、社会主义精神文明、社会主义社会文明协调发展，共同铸就了人类文明新形态。

（二）社会主义生态文明是人类文明新形态新之体现

无论人类文明新形态是作为一种新的发展形态，还是作为一种新的发展类型，在理解与把握它的时候，重点关注的就是“新”。对于“新”，人们的理解与认识也不尽相同，需要着重理解与认识的是“新”在哪里，是哪种意义上的新？

在人类文明的历史演进中，人类文明的发展就表现为新发展形态取代旧发展形态、先进的发展形态取代落后的发展形态的过程，或者说人类文明的发展是一个不断从较低的文明形态向较高的文明形态的演进过程。但对于人类文明而言，人类文明新形态的产生是有特定的历史条件与现实基础的。人类文明新形态的产生，从根本上讲取决于社会生产方式与交换方式的革新。在唯物主义历史观与马克思主义文明观看来，任何人类文明形态或发展类型，都是建立在一定的生产方式与交换方式的基础之上的，一种文明形态在本质上不同于另一种文明形态，归根结底是由其各自所存在与发展的生产方式与交换方式的性质所决定的，因此，从人类文明发展形态的角度讲，只要其赖以存在与发展的社会生产方式与交换方式没有发生根本性改变，一般来说，文明形态的性质就不会发生根本性的改变。当旧的社会生产方式与交换方式被新的、更高水平的社会生产方式与交换方式所取代，建立在其基础上的文明形态也会发生新的变化，产生与之相适应的新的文明形态。因此，人类文明新形态，从归根结底的意义上讲，新就新在建立在新的社会生产方式与交换方式上。社会主义文明作为一种人类文明新形态，其与资本主义文明的根本区别就是二者所建立的经济基础或者说社会生产方式与交换方式的不同。对于人类文明新形态而言，其建立基础所对应的社会生产方式与交换方式是一种以实现人与自然和谐共生为最终目标的新的社会生产方式与交换方式。这个新的社会生产方式与交换方式的产生，为人类文明新形态的创造奠定了坚实的社会基础，并最终铸就了人类文明新形态。

人类文明新形态之新，除了从根本上讲在于其所赖以建立的社会生产方式与交换方式之新外，还可以体现在发展道路上。对于不同的人类文明形态而言，其在发展道路上有所不同，甚至是截然不同。对于文明发展道路，我们至少可以从两个层面来理解与认识。第一种就是发展道路的社会性质不同，例如，资本主义发展道路与社会主义发展道路就是两种社会性质不同的人类文明发展道路。第二种就是发展道路的社会性质一样，但在具体道路的选择上不一样，例如，中国与其他社会主义国家，同样走的是社会主义发展道路，但每个社会主义国家在选择适合自己的社会主义发展道路时又是有所不同的，中国根据自身的国情选择的是中国特色社会主义道路。社会主义国家在选择社会主义文明的具体发展道路时，选择不同，走的道路不同，就会产生不同的社会主义文明发展形式与发展类型。一般来说，新的发展道路会产生新的文明类型。中国特色社会主义道路作为一条新的文明发展道路，必然会在发展过程中开创出人类文明新形态。但有一点需要指出的是，中国特色社会主义道路虽是一条新的社会主义文明发展道路和新的人类文明发展道路，但其开创出来的人类文明新形态，从实质的角度讲，既是一种新的人类文明发展类型，也是一种新的社会主义文明发展形态，同时还是中华文明的新发展形态。

人类文明新形态之新，不仅体现在发展道路上，还体现在发展理念与指导思想上。在同一条发展道路上，发展理念的不同，指导思想的不同，所建设的文明形态也会有所不同。新的文明发展形态，需要新的发展理念和新的指导思想，新的发展理念与新的指导思想，也会推进人类文明的新发展。对于文明而言，其不仅包括以物质形态存在的人工产品，或其他非自然的、在人的社会实践活动中产生的物质产品，还包括人的思想、观念与精神等人的精神产品。因此，一种新的人类文明发展形态或人类文明新类型，其在精神产品上必然存在不同于旧的文明发展形态或已有的文明发展类型的地方。人类文明新形态之新，是有众多内涵的，也有很多表现形式。人类文明新形态所蕴含的新思想、新观念、新理念，是人类文明新形态之新的重要体现。例如绿色发展理念，就是人类文明新形态的新发展理念，这些理念体现了人类文明新形态之新。同样，作为人类文明新形态建设的指导思想而存在的习近平新时代中国特色社会主义思想，也是人类文明新形态之新的重要体现。习近平新时代中国特色社会主义思想，不仅是中国特色社会主义新时代创造与发展人类文明新形态的指导思想，也是在创造与建设人类文明新形态中所产生的重大理论成果，其必然呈现了人类文明新形态之新。

人类文明新形态之新，不仅体现在表现形式上，更体现在所蕴含的内容上，内容之新才是人类文明新形态的真正新之所在。我们现在所讲的人类文明新形态是有特定指向与意涵的。从现实的维度讲，人类文明新形态就是当代中国正在建设的社会主义文明形态以及中华文明的新发展形态。中国的社会主义文明建设，从内容来看，包括社会主义物质文明建设、社会主义政治文明建设、社会主义精神文明建设、社会主义社会文明建设与社会主义生态文明建设。在社会主义物质文明建设、社会主义政治文明建设、社会主义精神文明建设、社会主义社会文明建设与社会主义生态文明建设中所创造的人类文明新形态，其新之表现也必然会体现在这五个文明建设之中。党的十八大以来，社会主义文明建设进入社会主义生态文明新时代，社会主义生态文明上升为中国特色社会主义事业“五位一体”总体布局的基本内容，因此在中国特色社会主义新时代，人类文明新形态之新，也体现在社会主义生态文明及其建设上。

社会主义生态文明不仅作为人类文明新形态的基本内容或子系统体现了人类文明新形态之新，还在于在对社会生产方式的诉求上以及发展道路的新要求上展现了人类文明新形态之新。众所周知，人类文明新形态最根本的新就在生产方式上。而社会主义生态文明作为不同于资本主义工业文明的最为根本的地方也在生产方式上。社会主义生态文明所追求的社会生产方式是以实现人与自然和谐共生为目标的社会生产方式。因此，从其所诉求的社会生产方式的角度讲，社会主义生态文明体现了人类文明新形态之新。此外，社会主义生态文明在发展道路上的新要求与新理念，也展现了人类文明新形态之新。生态文明与社会主义的本质要求是一致的，只有走社会主义发展道路，才能把生态文明建设好。也就是说，只有坚定不移地走中国特色社会主义道路，我们才能把社会主义生态文明建设好。因此，从社会主义生态文明所走的发展道路来讲，其同样体现了人类文明新形态之新。在社会主义生态文明建设中所践行的绿色发展理念，所走的低碳的、绿色的可持续发展道路，都彰显了人类文明新形态之新。由此可见，在中国特色社会主义新时代，全面推进社会主义生态文明建设，加强社会主义生态文明与社会主义物质文明、政治文明、精神文明、社会文明的协调发展，必然会进一步彰显人类文明新形态之新，也必然会开创人类文明新形态建设的新境界与新局面。

三 人类文明新形态实现于社会主义生态文明建设中

人类文明新形态作为人类文明新产生的发展形态，是实现于中国特色社会主义的伟大实践之中的。具体来讲，既实现于社会主义物质文明建设与社会主义精神文明建设中，实现于社会主义政治文明建设中，实现于社会主义社会文明建设中，并最终实现于社会主义生态文明建设中。从人类文明新形态创造的历史进程来看，社会主义物质文明与社会主义精神文明的协调发展是其创造的第一个历史时期，因此，对于人类文明新形态的实现进程来看，社会主义物质文明建设与社会主义精神文明协调发展和共同建设的历史时期，同样构成了人类文明新形态开始其实现进程的第一个历史阶段。社会主义政治文明与社会主义物质文明、社会主义精神文明协调发展和共同建设是人类文明新形态实现进程的第二个历史阶段。社会主义社会文明与社会主义物质文明、社会主义政治文明、社会主义精神文明协调发展和共同建设是人类文明新形态实现进程的第三个历史阶段。社会主义生态文明与社会主义物质文明、社会主义政治文明、社会主义精神文明、社会主义社会文明协调发展和共同建设是人类文明新形态实现进程的第四个历史阶段。人类文明新形态的实现，既离不开社会主义物质文明建设、社会主义政治文明建设、社会主义精神文明建设、社会主义社会文明建设，也离不开社会主义生态文明建设。

相比于社会主义物质文明建设、社会主义政治文明建设、社会主义精神文明建设、社会主义社会文明建设而言，社会主义生态文明建设在人类文明新形态的创造过程中发挥着重要作用。习近平在《共同构建地球生命共同体——在〈生物多样性公约〉第十五次缔约方大会领导人峰会上的主旨讲话》中指出：“生态文明是人类文明发展的历史趋势。”[3]生态文明作为人类文明发展的历史趋势，代表着人类文明的发展方向与前进方向。因此，生态文明对于人类文明而言，其本身就是作为一种新的人类文明发展形态、人类文明的新形式与新内容而存在的。生态文明相对于工业文明而言，它是人类文明发展的新形态，是一种新的人类文明形态。无论是作为人类文明的新形态，还是作为人类文明发展的新形式与新内容，都告诉我们，生态文明与人类文明新形态在本性上是高度一致的。这决定着在中国特色社会主义道路上，建设社会主义生态文明，必然也是在建设人类文明新形态。在中国特色社会主义新时代，是无法把社会主义生态文明与人类文明新形态相剥离的，二者具有一致性。

在人类文明史上，任何一种新的文明形态的历史生成，都离不开新的文明实践。社会主义文明建设，特别是中国特色社会主义新时代的社会主义文明建设，是人类文明的新实践。在社会主义文明建设这个新的人类文明实践中，必然会创造一种不同的人类文明发展新形态。人类文明新形态不是凭空产生的，其实现于社会主义文明建设之中，即实现于社会主义物质文明建设、政治文明建设、精神文明建设、社会文明建设、生态文明建设之中。没有社会主义文明建设的伟大实践与新实践，就不会有人类文明新形态。生态文明建设是社会主义文明建设的重中之重，是其在新时代建设的急迫任务与核心任务，是其在新时代要实现的重大目标与时代目标。

在当今世界，没有任何一个国家像社会主义中国这样把生态文明建设作为国家的重大战略与基本国策来贯彻与执行。把社会主义生态文明建设贯穿于社会主义物质文明建设、政治文明建设、精神文明建设、社会文明建设之中，“推动物质文明、政治文明、精神文明、社会文明、生态文明协调发展”[4]，是党的重大战略。在中国特色社会主义新时代，社会主义生态文明建设已成为经济社会发展的主线与导向，也成为推动社会全面发展的重要动力。借助于社会主义生态文明建设的东风来实现经济发展方式与增长方式的转型，是中国特色社会主义建设与社会主义文明建设赋予生态文明建设的历史使命，同时也是创造人类文明新形态的历史条件。生态文明与人类文明新形态在本质上的一致性决定着在社会主义生态文明建设中必然开出人类文明新形态之花、结出人类文明新形态之果。人类文明新形态是实现于社会主义生态文明建设之中的，也是成就于社会主义生态文明建设之中的。离开社会主义生态文明建设来谈人类文明新形态创造是不太实际的。人类文明新形态虽然是在社会主义物质文明建设、政治文明建设、精神文明建设、社会文明建设、生态文明建设的综合建设以及协调发展中所创造出来的。

四 创造人类文明新形态的历史意义

人类文明新形态的诞生是人类历史发展的必然，也是人类文明进步之使然。人类文明新形态的创造与产生，不仅对人类文明的进步、世界历史的发展有着重大的意义，对于中华文明的发展与进步也有着重大的意义。其必将深刻地影响与改变人类文明与世界历史的发展进程，也必将把人类文明带入一个新的历史时代与新的发展高度。

对于人类文明的发展与进步而言，人类文明新形态的产生与形成是有重大历史意义的。人类文明新形态的产生与形成既体现了人类文明的新发展，又反映了人类文明表现形式的多姿多彩。从人类文明历史演进的角度讲，一种新的人类文明发展形态的产生，其本身就体现了人类文明的发展与演进是新的文明发展形态取代旧的文明发展形态的过程。当人类文明在发展中产生了新的发展形态，也必然意味着人类文明发展到了一个新的阶段，进入了一个新的历史发展时期。无论是人类文明出现了新的发展类型，还是产生了新的发展形态，都是有利于人类文明的多姿多彩与多样性发展的。人类文明新形态的形成，不仅引领了人类文明的前进方向，也为人类文明这个大家庭增添了新成员，为人类文明的进步注入了新动力。人类文明新形态内在具有的强大生命力必然会引领人类文明的前进方向，使人类文明在其转型时期实现大发展与大进步。

人类文明新形态的产生不仅对于人类文明的发展具有重大的历史意义，对于世界历史的发展也同样具有重大意义，其必将深刻影响世界历史进程。世界历史的发展，也表现为世界文明的发展，一种新的人类文明形态的产生，特别是一种新的人类文明发展形态的产生，不仅表明人类文明在发展形态上以及演进阶段上出现新的发展，同时表明世界历史发展进入了新的时代。之所以如此认为，究其原因就在于一种新的文明发展形态，代表着一种新的社会历史演进形态。自从大工业与世界市场的形成开启世界历史发展的新纪元以来，人类文明从以传统农耕文明为主导的古代文明演进到了以现代工业文明为主导的现代文明阶段。在人类历史上，世界历史的发展与现代文明的发展是紧密联系在一起的。世界历史的发展过程，就是现代文明的发展过程。当现代文明的发展出现了新的发展形态与新的发展类型——社会主义文明的时候，世界历史的发展也进入了一个新的发展时代与新的发展阶段。在这个新的发展时代与新的发展阶段，社会主义文明的产生不仅改变了世界历史发展的格局，开辟了世界历史发展的新领域，也开创了一条新的世界历史发展道路与人类文明发展道路。在中国特色社会主义发展道路上正在建设与发展的人类文明新形态，也必将把世界历史推向一个新的发展高度，其对世界历史的发展将产生深远的影响。“党领导人民成功走出中国式现代化道路，创造了人类文明新形态，拓展了发展中国家走向现代化的途径，给世界上那些既希望加快发展又希望保持自身独立性的国家和民族提供了全新选择。”[5] 人类文明新形态的创造，是世界历史车轮向着光明前途前进的文明之灯塔，世界历史进程必将因为其诞生而加快演进的速度，并推动社会主义文明取代资本主义文明。

人类文明新形态的历史意义，不仅在于其推进了人类文明的进步与世界社会主义文明的发展，还在于其传承与发展了中华文明，实现了中华文明的新飞跃与新进步。中华文明至今已有 5000 多年的历史，也是从未中断过的人类文明发展类型。从人类文明演进形态的角度讲，中华文明经历了从农业文明到工业文明、再从工业文明到生态文明这样一个完整的发展历程，也经历了从奴隶社会文明一直演进到社会主义文明的发展过程。随着中华文明演进到社会主义文明发展阶段，进入社会主义生态文明新时代，中华文明的发展也进入了一个新的历史时代。在当下，我们正在建设的社会主义文明，既是对中华文明的创造性传承，也是对中华文明的创新性发展。对于社会主义生态文明而言，其深深植根于中华文明的优秀传统文化中，是中华优秀传统文化与当代中国文化孕育的文明花朵。社会主义文明就是中华文明在当下的新发展与新形态，建设社会主义文明，就是在传承与发展中华文明。随着我国走进社会主义生态文明新时代，社会主义生态文明建设与中华文明在新时代的发展紧密联系在一起。在中国特色社会主义新时代，建设社会主义生态文明，同样是在传承与发展中华文明。在中国道路上正在建设与发展的中国特色社会主义文明与社会主义生态文明，既是世界社会主义文明的新发展与新形态，也是中华文明的新发展与新形态。因此，在社会主义物质文明、政治文明、精神文明、社会文明与生态文明协调发展与共同发展中创造的人类文明新形态，必然也是中华文明的新形态。正是从这个意义上讲，建设人类文明新形态就是在建设中华文明，发展人类文明新形态就是在发展中华文明。人类文明新形态实现了发展，就是中华文明实现了发展，也是人类文明、世界文明实现了发展。总的来讲，人类文明新形态，是中华文明在中国特色社会主义新时代的新形态与新表现，其必然会把中华文明推向人类文明发展的高峰，必然会让中华文明走向世界文明发展的舞台中心。

第十章　在社会主义生态文明建设中深化与创新马克思主义

建设社会主义生态文明不仅有着十分重要的现实意义，还对于马克思主义的丰富与发展有着重要的价值与意义。建设社会主义生态文明、建设人与自然和谐共生的社会主义现代化国家，不仅深化了人们对马克思主义的认识，还推动了马克思主义的创新发展，实现了马克思主义的新飞跃。建设社会主义生态文明，有利于深化人们对社会主义本质的认识、对共产党执政规律的认识、对社会主义建设规律的认识，以及对人类社会发展规律特别是人类文明发展规律的认识。随着社会主义生态文明建设的全面推进与对马克思主义认识的加深，在社会主义生态文明建设中实现了马克思主义生态文明观的创新与发展，实现了马克思主义生态文明观与社会主义生态文明观发展的新飞跃，最终也必然会实现马克思主义中国化的新飞跃。

一　深化了对马克思主义的认识

“马克思主义是我们立党立国、兴党强国的根本指导思想。马克思主义理论不是教条而是行动指南，必须随着实践发展而发展，必须中国化才能落地生根、本土化才能深入人心。”[1]社会主义生态文明建设，作为当代中国实践，推动了马克思主义的发展，也深化了党和人民对马克思主义的认识。具体来讲，在社会主义生态文明建设的伟大实践与历史进程中，既深化了对社会主义本质的认识，也深化了对共产党执政规律、社会主义建设规律、人类社会发展规律特别是人类文明发展规律的认识。在不断对马克思主义的深化认识中，开辟了“当代中国马克思主义、21 世纪马克思主义新境界”[2]。

（一）深化了对社会主义本质的认识

在社会主义国家没有诞生以前，马克思恩格斯就对社会主义及其本质认识进行过探讨。在恩格斯看来，马克思的两个伟大发现，也即“唯物主义历史观和通过剩余价值揭开资本主义生产的秘密”[3]，是社会主义从空想变成科学的理论基础，而科学社会主义作为科学理论的出现，从实践的角度讲是“无产阶级和资产阶级之间斗争的必然产物”[4]。在恩格斯看来，科学社会主义与空想社会主义是根本不同的，科学社会主义的任务就是要深入考察人类解放事业的历史条件“以及这一事业的性质本身，从而使负有使命完成这一事业的今天受压迫的阶级认识到自己的行动的条件和性质”[5]。在社会主义社会与共产主义社会内在关系的认识方面，马克思恩格斯有过明确的阐述。恩格斯认为，共产主义社会是有其发展阶段的。从恩格斯关于共产主义社会发展阶段的论述来看，恩格斯提到了两个阶段，即“共产主义社会第一阶段”[6]和“共产主义社会高级阶段”[7]。从恩格斯关于共产主义社会第一阶段的论述来看，共产主义社会第一阶段，是指

"在经过长久阵痛刚刚从资本主义社会产生出来的共产主义社会第一阶段"[8]。用列宁的话来讲，这个阶段就是"刚刚从资本主义脱胎出来的在各方面还带着旧社会痕迹的共产主义社会"[9]。这个阶段事实上就是社会主义社会阶段。由此可见，在马克思恩格斯看来，共产主义社会与社会主义社会之间的内在关系，就表现为社会主义社会是共产主义社会第一个发展阶段。

列宁在马克思恩格斯认识的基础上对社会主义及其本质这一问题进行了新的发展与深化，相比于马克思恩格斯关于社会主义与共产主义内在关系的认识而言，列宁的阐述更为系统，在把握上更有深度，认识上也更为深刻。在列宁看来，共产主义社会第一阶段（通常称为社会主义）与共产主义社会高级阶段，是"共产主义在经济上成熟程度的两个阶段"[10]。"在第一阶段，共产主义在经济上还不可能完全成熟，完全摆脱资本主义的传统或痕迹"[11]，因而"在共产主义第一阶段还保留着'资产阶级权利的狭隘眼界'。"[12]此外，列宁认为"共产主义第一阶段或低级阶段同共产主义高级阶段之间的差别在政治上说将来也许很大"[13]，但二者政治上的差别不是首要的差别。列宁认为，共产主义第一阶段或社会主义与共产主义高级阶段在科学上的差别相比于其在政治上的差别而言是很明显的。在列宁看来，社会主义（共产主义社会第一阶段）同共产主义（共产主义社会高级阶段）的区别在于："社会主义是直接从资本主义生长出来的社会，是新社会的初级形式。共产主义则是更高的社会形式，只有在社会主义完全巩固的时候才能得到发展"[14]。随着十月革命的成功以及社会主义制度在苏联的建立，列宁在对社会主义的根本任务上又有了新的认识，列宁认为，社会主义社会的根本任务就包括"提高劳动生产率"[15]与"发展生产力"[16]，并强烈地意识到需要通过发展作为社会主义社会的唯一基础的大工业来提高生产力和发展生产力。列宁对社会主义社会的根本任务的认识，有利于人们更好地把握与认识社会主义的本质。

随着社会主义改造的完成与社会主义制度在中国的建立，新中国开启了社会主义建设的历史征程与早期探索。在社会主义改造时期，也即在社会主义革命时期，毛泽东明确提出了："社会主义革命的目的是为了解放生产力"[17]。为了解放生产力，国家必须开展对农业、手工业和资本主义工商业的社会主义改造。1956 年社会主义改造基本完成之后，我国进入社会主义建设时期。在社会主义建设时期，随着社会主义建设实践的开展，对社会主义及其本质有了新的认识。在社会主义发展阶段上，毛泽东认为："社会主义这个阶段，又可能分为两个阶段，第一个阶段是不发达的社会主义，第二个阶段是比较发达的社会主义。后一阶段可能比前一阶段需要更长的时间。经过后一阶段，到了物质产品、精神财富都极为丰富和人们的共产主义觉悟极大提高的时候，就可以进入共产主义社会了"[18]。毛泽东关于社会主义有两个发展阶段的新思想、新观点、新认识，是建立在对社会主义及其本质进一步认识的基础上的，其奠定了邓小平关于社会主义初级阶段以及社会主义本质认识的重要理论基础。

在关于社会主义社会及其本质的认识上，邓小平关于社会主义发展阶段的认识有了更为科学与深入的把握与理解。邓小平在对社会主义发展阶段的认识上，提出了社会主义初级阶段的思想。邓小平的社会主义初级阶段思想，就是直接建立在毛泽东关于社会主义阶段划分思想，特别是社会主义第一个阶段思想的基础之上的。社会主义初级阶段思想，既是对马克思主义的创新与发展，也是对社会主义发展认识的进一步深化。对于社会主义本身发展阶段的认识，也加深了人们对于社会主义本质的认识。在邓小平看来："社会主义的本质，是解放生产力，发展生产力，消灭剥削，消除两极分化，最终达到共同富裕。"[19]社会主义的本质决定了"社会主义的首要任务是发展生产力，逐步提高人民的物质和文化生活水平"[20]。社会主义生态文明建设是社会主义文明建设的重要组成部分，是社会主义建设的重要内容，解放与发展社会生产力，不仅是社会主义生态文明建设的首要任务，也是其主要目标。建设社会主义生态文明，就是要实现我国经济由追求高速增长转向追求高质量发展。要实现经济的高质量发展，就要实现社会生产力的高质量增长与高质量发展。在解放生产力与发展生产力的认识上，随着社会主义生态文明建设的全面推进，人们不仅有了新的认识，还进一步深化了认识。对解放生产力与发展生产力的新认识主要表现在两个方面。一是在生产力的发展上，认识到生产力的发展不仅有量的发展问题，还有质的发展问题。发展生产力，既要考虑量的发展，也要考虑质的发展，要实现量的发展与质的发展的有机统一。二是在发展生产力的方式或路径上，认识到发展生产力不仅仅有发展的问题，还有如何保护的问题，保护生产力也是在发展生产力，是另一种意义上的发展生产力，不保护已形成的生产力，发展新的生产力也将难以为继。

在社会主义生态文明建设的实践过程中，在解放生产力与发展生产力问题方面新认识的产生与深化，特别是在发展生产力的问题上，集中体现在"绿水青山就是金山银山"这个重要发展理念中。绿水青山就是金山银山，不仅是经济社会发展的重要理念，"也是推进现代化建设的重大原则"[21]。这个新理念作为全面实现社会主义现代化的重要原则，"揭示了保护生态环境就是保护生产力、改善生态环境就是发展生产力的道理，指明了实现发展和保护协同共生的新路径”[22]。“保护生态环境就是保护生产力、改善生态环境就是发展生产力的道理”就体现了党和国家对解放生产力与发展生产力的新认识。这个新认识不仅深化了人们对解放与发展生产力的途径的认识，也深化了人们对社会主义本质的认识。在社会主义生态文明建设中，对社会主义本质认识的深化，不仅体现在发展生产力上，也体现在共同富裕上。建设社会主义生态文明，就是要坚持走全体人民共同富裕的文明发展道路，就是要使“全体人民共同富裕取得更为明显的实质性进展”[23]。共同富裕，不仅是全体人民在物质上的共同富裕，也是全体人民在精神上的共同富裕。对于社会主义生态文明建设而言，不仅可以为共同富裕创造大量物质财富，也可以为共同富裕创造大量精神财富。因此，在社会主义生态文明建设的财富创造中，必然会深化人们对共同富裕的认识，从而会深化人们对社会主义本质的认识。

（二）深化了对共产党执政规律的认识

共产党，从其诞生历史的角度讲，在马克思主义创始人——马克思恩格斯所斗争与生活的历史时代就已存在了。共产党的诞生不仅标志着工人阶级或无产阶级有了自己的政党、有了自己的先锋队，也标志着世界共产主义运动与世界无产阶级革命进入新的历史时代。共产党诞生于资产阶级时代，但其作为无产阶级政党与马克思主义政党，与资产阶级政党在党性上有着根本区别，二者在本质上是相对立的。共产党代表着广大无产阶级与世界人民的根本利益与长远利益，而资产阶级政党代表的则是少数现代大资产阶级的利益。对于共产党或共产主义者或实践的唯物主义者而言，“全部问题都在于使现存世界革命化，实际地反对并改变现存的事物”[24]。改变现存的世界，使现存世界革命化，完成人类解放事业，实现人的自由而全面发展，是共产党的历史使命，也是共产党的实践本性与革命本性之体现。正如马克思在《关于费尔巴哈的提纲》中所指出的那样："环境的改变和人的活动或自我改变的一致，只能被看做是并合理地理解为革命的实践。"[25]革命的实践，就是共产党人实践的本性与底色，也是共产党执政的本性与底色。随着无产阶级革命或社会主义革命在一些国家相继成功，共产党开始作为执政党真正登上了世界历史的大舞台。对于共产党人而言，在不同的历史时期，其革命的对象是不一样的，其革命活动也是不一样的，革命对象与革命活动的不同，也决定着其革命形式的不同。对于已经在社会主义国家执政的共产党而言，特别是长期执政的共产党而言，在阶级革命不是主要的革命活动与革命形式之后，自我革命将是其主要的革命实践形式与革命实践活动。

在马克思主义经典作家看来，"共产党人不是同其他工人政党相对立的特殊政党"[26]，"他们没有任何同整个无产阶级的利益不同的利益"[27]。对于共产党人而言，其最近的目的就是："使无产阶级形成为阶级，推翻资产阶级的统治，由无产阶级夺取政权"[28]。马克思恩格斯在这里所论述的共产党人，指向的就是共产党。当共产党人领导无产阶级夺得政权之后，共产党人就上升为执政党。在人类历史上，第一个无产阶级政权是巴黎公社，第一个由马克思主义政党执政的国家就是苏联。随着共产党人领导广大无产阶级发动社会主义革命、建立社会主义国家，共产党成为执政党，共产党人也开始了执政道路的长期探索与实践过程。例如，从俄国十月革命胜利以及第一个社会主义国家——苏联建立的时间开始计算，共产党执政或马克思主义政党执政已有100多年的历史。在这100多年的历史中，特别是在中国共产党执政的实践活动中，共产党人不仅发现了共产党执政的规律，也慢慢形成了对执政规律的科学认识。但需要明确指出的是，真正形成对共产党执政规律科学认识的马克思主义政党是中国共产党。其主要原因就在于：一是中国共产党始终坚持马克思主义，始终坚持共产主义理想和社会主义信念；二是中国共产党始终秉承立党为公、执政为民的执政理念，恪守全心全意为人民服务的根本宗旨；三是中国共产党在执政过程中具有敢于直面问题、勇于自我革命的精神与意志；四是中国共产党始终坚持科学执政、民主执政。共产党执政规律，从其内涵的角度讲，就是共产党在执政实践过程中所形成并贯彻于其执政实践过程中的、体现其执政实践一般历史进程的规律。共产党执政规律，既生成于共产党的执政活动，也实现于共产党的执政活动。没有共产党的执政实践活动，就不会有共产党执政规律的历史生成，只有遵循共产党的执政规律，共产党才能做到科学执政与长期执政。

中国共产党对共产党执政规律的认识，与中国共产党在不同历史时期的执政经验是紧密联系在一起的。中国共产党对共产党执政规律的认识，建立在对世界其他马克思主义政党的执政经验与教训的正确认识上，但更多的是建立在对自身执政经验与教训的正确认识上。中国共产党就是在自己的执政实践活动与执政过程中形成了对共产党执政规律的科学认识。中国共产党对共产党执政规律的科学认识为党的长期执政提供了重要的理论指导与实践指南。没有中国共产党对共产党执政规律的科学认识，就不会有社会主义中国的今天，就不会有马克思主义在当代中国的发展，也不会有21世纪的马克思主义。中国共产党就是在中国革命、建设与改革的伟大实践活动中，形成了对马克思主义政党执政规律的科学认识，更是在中国改革开放的伟大实践与中国特色社会主义伟大事业的实践中，不断深化了对共产党执政规律的认识。生态文明建设，作为中国特色社会主义事业“五位一体”总体布局的重要组成部分，作为社会主义现代化建设的重要内容，在推进社会主义生态文明建设的历史进程与伟大实践活动中，必然会深化对中国共产党执政规律的认识，也必然会深化对世界马克思主义政党执政规律的认识。之所以在社会主义生态文明建设中会深化对中国共产党执政规律的认识，究其原因就在于“我们要建设的现代化是人与自然和谐共生的现代化”[29]。而人与自然和谐共生的现代化建设，从文明的维度而言，就是社会主义生态文明建设。由此可见，社会主义生态文明建设不仅是社会主义现代化强国建设的重要内容，也是社会主义现代化强国建设的重要维度。党的十八大以来，随着以习近平同志为核心的党中央对社会主义生态文明建设的高度重视与全面推进，中国共产党进一步加深了对党的执政规律的认识，在社会主义生态文明建设中践行与发展了以人民为中心的执政理念。

（三）深化了对社会主义建设规律的认识

随着社会主义从科学到实践，探索社会主义建设道路、把握与认识社会主义建设规律，一直是共产党人和社会主义国家的重大历史任务。人们对社会主义建设规律的认识随着世界社会主义的发展以及社会主义建设的不断实践而不断深化。从社会主义建设实践的历史来讲，世界社会主义建设实践已有100多年的历史。在这100多年的社会主义建设实践中，既有失败的建设实践，也有成功的建设实践，无论是失败的建设实践，还是成功的建设实践，都有利于社会主义建设者更好地把握社会主义的建设规律。对社会主义建设规律的把握与认识就建立在对社会主义建设经验的科学认识上。社会主义建设实践越长久，社会主义建设的内容越广泛，社会主义建设的经验越丰富，对社会主义建设规律的认识就会越科学。在这100多年的社会主义建设实践中，特别是在近70年的中国特色社会主义建设实践中，中国共产党人对社会主义建设规律有了越来越科学的认识，对社会主义建设规律的驾驭能力变得越来越强。随着中国特色社会主义建设在新时代的顺利开展与成功实践，我们对社会主义建设规律有了更加科学和深入的认识。

社会主义建设规律不是先天就存在的，而是在社会主义建设实践中生成的。没有社会主义的建设实践，就不会形成社会主义建设规律。社会主义建设规律简单地讲，就是形成于社会主义建设的实践中，贯穿于社会主义建设始终且支配着社会主义建设的一般进程的规律。与资本主义社会的特殊规律相比，社会主义建设规律既有自身特有的表现形式，也有自身特有的作用方式。随着社会主义实践的变化，社会主义建设规律在表现形式与作用方式上也会发生相应的变化。社会主义建设规律在不同社会主义国家建设的具体实践中，其表现是有所不同的。对于不同的社会主义国家而言，社会主义建设规律在其具体的社会主义建设实践中所实现的方式也是不一样的。在不同的社会制度中，既存在经济社会建设所要遵循的一般规律，也存在支配其发展的特殊规律。因此，对于不同的社会主义国家而言，在对社会主义建设规律的理解与把握上，既要有一般性的认识，也要具体问题具体分析，坚持一切从实际出发。在中国特色社会主义建设规律的认识上，也同样存在这样的问题。在中国特色社会主义建设规律的把握上，既要看到中国特色社会主义建设规律的一般性特征，也要注意其在实现方式或作用方式上的特殊性。

社会主义建设规律一经形成，就会对社会主义建设起支配作用，并且会随着社会主义建设内容与建设方式的变化而在实现方式与表现形式上有所不同。在我国，对社会主义建设规律认识的不断深化是有一个历史过程的。这个历史过程与我们对中国特色社会主义总体布局认识的不断深化是紧密联系在一起的。“从当年的‘两个文明’[30]到‘三位一体’[31]、‘四位一体’[32]，再到今天的‘五位一体’”的中国特色社会主义总体布局不断发展与完善的过程，也是我们在中国特色社会主义建设的伟大实践中不断深化对社会主义建设规律的认识的历史过程。从中国特色社会主义事业“五位一体”总体布局的角度讲，中国特色社会主义建设包括社会主义经济建设、社会主义政治建设、社会主义文化建设、社会主义社会建设、社会主义生态文明建设。因而对于社会主义建设规律而言，其也可以细分为社会主义经济建设规律、社会主义政治建设规律、社会主义文化建设规律、社会主义社会建设规律、社会主义生态文明建设规律五个子规律。这五个子规律是社会主义建设规律在中国特色社会主义事业“五位一体”总体布局的具体体现与现实反映。这五个子规律是一个有机统一的体系，社会主义建设规律就是这五个子规律有机统一所形成的系统规律体系。系统地把握与认识社会主义建设规律，我们才能对社会主义建设规律有一个整体的认识，才能在这个基础之上深化对它的认识。缺乏对任何一个子规律的认识，都会导致我们对社会主义建设规律认识的不足，都会导致我们对社会主义建设的把握不够。

社会主义生态文明建设，作为社会主义建设的重要内容，也要遵循社会主义建设规律。社会主义建设规律在社会主义生态文明建设中的实现方式是一种全新的方式，对其支配也必然要不同于对社会主义经济建设、社会主义政治建设、社会主义文化建设、社会主义社会建设的支配。既然社会主义生态文明建设是社会主义建设规律所要作用的一个新的领域，那么社会主义建设规律在这个新的领域的实现，就会有新的情况与新的表现。这些新情况与新表现，为我们进一步认识社会主义建设规律提供了新的材料与新的经验。社会主义生态文明建设对社会主义建设规律的深化与发展，主要通过社会主义生态文明建设规律来具体实现。在社会主义生态文明建设中所形成的社会主义生态文明建设规律，就是社会主义建设规律在生态文明建设中的拓展与延伸，也是社会主义建设规律在生态文明建设领域的实现与发展。社会主义生态文明建设规律的形成以及对它的科学认识，必然有利于我们深化对社会主义建设规律的科学认识。由此可见，大力推进生态文明建设，把生态文明建设纳入中国特色社会主义事业“五位一体”总体布局，能够在实践中加深我们对社会主义建设规律作用机制的认识，还能深化我们对社会主义建设规律具体实现方式的认识。随着社会主义生态文明建设进入新的历史方位，我们对社会主义建设规律的认识必然会得到进一步加深。在中国特色社会主义新时代，对社会主义建设规律的深入认识与科学认识，有利于我们更科学地建设社会主义现代化强国、实现中华民族伟大复兴中国梦。

（四）深化了对人类社会发展规律特别是人类文明发展规律的认识

人类历史以及人类文明是有其发展规律的，马克思主义创始人在其对人类历史的考察与研究中发现了人类社会发展规律以及人类文明发展规律，并形成了对人类社会发展规律与人类文明发展规律的科学认识，这铸就了马克思主义，也是马克思主义作为科学真理而存在的理论根据与事实支撑。“马克思主义揭示了人类社会历史发展的规律，是我们认识世界、改造世界的强大理论武器。”[33]在唯物主义历史观与马克思主义文明观的视野中，无论是人类社会发展，还是人类文明演进，都是在规律的支配下的。对于人类社会的发展或人类文明的演进而言，既有在其发展中形成的一般规律也有在其发展中所产生的特殊规律，既有其所要遵循的一般规律，也有其在特定历史时期或特定发展领域内所遵循的特殊规律。

人类社会发展与人类文明演进，在遵循的规律上，既有二者共同遵循的一般规律，也有特殊规律。例如，生产关系一定要适应生产力发展的规律，是人类社会发展和人类文明演进都要遵循的一般规律。但对于人类文明自身的发展而言，有些规律是其特有的。在马克思恩格斯看来，在人类的文明时代，人类文明的演进与发展还要遵循“没有对抗就没有进步”[34]的规律。究其原因就在于，“当文明一开始的时候，生产就开始建立在级别、等级和阶级的对抗上，最后建立在积累的劳动和直接的劳动的对抗上”[35]。人类文明是在对抗中发展的，也是在对抗中进步的。

“纵观人类文明发展史，生态兴则文明兴，生态衰则文明衰。”[36]生态文明建设，既关乎人类与人类社会的未来，也关乎人类文明的未来。因此，建设生态文明，不仅是人类社会基于可持续发展作出的要求，也是人类文明如何实现可持续发展的内在呼喊。人类文明相对于人类社会而言，不仅要遵循人类社会发展的一般规律，还要遵循在人类文明发展过程中所形成的特殊规律。但对于人类文明本身而言，既有其发展与演进的一般规律，又有其在特定文明发展阶段所遵循的特殊规律。人类文明发展的特殊规律，主要是指不同文明形态在其建设与发展中所形成的特殊规律。例如，农业文明有农业文明在其自身建设与发展中所形成的特殊规律，工业文明有工业文明在其自身建设与发展中所形成的特殊规律。同理，生态文明作为人类文明发展的新形态，在建设与发展过程中也必然会有自身的特殊规律。生态文明既是人类文明的一部分，又是人类文明的一个新的发展阶段与新的发展形态，因而在生态文明建设与发展中，其既要遵循人类文明建设与发展的一般规律，也要遵循特殊规律。生态文明对人类文明一般规律的遵循以及人类文明一般规律在生态文明建设中的实现，也会使得人类文明的一般规律在生态文明建设中呈现新现象，同样，在生态文明建设中所生成的特殊规律，也即在社会主义生态文明建设中形成的社会主义生态文明建设规律，更是丰富了人类文明的特殊规律形式与内容，而在生态文明建设中所生成的特殊规律，在具体的生态文明建设中又会有新的表现，因此，生态文明建设不仅可以深化人们对人类文明建设与发展的一般规律的认识，也会深化人们对生态文明建设与发展的特殊规律的认识。人类文明发展是有其规律的，只有把握住了人类文明发展的大趋势，人类文明才能更好地向前演进，人类文明新形态才能获得更好的发展。

二　创新了马克思主义生态文明观

马克思主义生态文明观，不仅是马克思主义文明观的重要内容，也是马克思主义的重要组成部分。在马克思主义经典作家的文明观思想中有比较丰富的生态观念与生态文明思想。马克思恩格斯在对资本主义工业文明的批判中显露了其生态文明思想，也在人与自然关系的深刻认识中洞察了人类文明的未来发展形态。随着生态危机日益发展成为当代社会的主要危机，生态危机对社会生产与社会生活等方方面面的深刻影响以及世界人民对生态文明建设的重视，马克思主义生态文明思想在时代呼唤下、在现实需求中获得巨大发展并在理论体系上得以建构。马克思主义生态文明观理论体系的科学建构，不仅仅要以唯物主义历史观为指导思想与方法论指导，还要对人类生态文明建设的实践特别是社会主义生态文明建设的实践做经验总结与抽象把握。总结人类生态文明建设的实践经验与社会主义生态文明建设的实践经验，把经验的总结经过唯物主义历史观的加工升华为思想与理论，才能形成科学的马克思主义生态文明观。要创新马克思主义生态文明观，不仅仅是理论创新的问题，也是实践创新的问题，归根到底是实践创新的问题。理论创新源于现实的需要，是实践创新在理论上的客观要求。一般来说，只有生态文明建设的实践有了巨大的创新，才会促使生态文明理论的创新。在现实生活中，要创新马克思主义，就需要把马克思主义的基本原理与具体实际相结合，要创新马克思主义生态文明观，就需要把马克思主义生态文明观的基本原理与社会主义生态文明建设的具体实际结合起来。

随着中国特色社会主义进入新时代，社会主义生态文明建设也进入新时代。在马克思主义生态文明观与中国特色社会主义生态文明建设具体实践相结合的过程中，最终产生了中国化的马克思主义生态文明思想或社会主义生态文明思想，也即习近平生态文明思想。习近平生态文明思想是党的十八大以来我国社会主义生态文明建设实践的理论结晶，是运用马克思主义的基本原理、基本观点与基本方法对社会主义生态文明思想的理论概括，是对马克思主义生态文明观的创新与发展，是世界社会主义生态文明观的最新理论成果，是中国特色社会主义新时代建设社会主义生态文明的根本遵循与行动指南，也是我们努力走向社会主义生态文明新时代的重大理论法宝。习近平生态文明思想，作为习近平新时代中国特色社会主义思想的重要组成部分，

“深刻回答了为什么建设生态文明、建设什么样的生态文明、怎样建设生态文明的重大理论和实践问题”[37]，是在对这些重大理论与实践问题的回答中所提出来的一系列新理念新思想新战略。这构成了习近平生态文明思想的基本内涵与主要内容。具体来讲，习近平生态文明思想主要包括这几个方面的内容：一是生态文明建设是中国特色社会主义事业“五位一体”总体布局和“四个全面”战略布局的重要内容，是中国特色社会主义新时代国家的重大战略与伟大历史使命；二是“坚持人与自然和谐共生”，构建人与自然生命共同体；三是在生态文明建设中实现社会大发展的思想，把保护生产力与发展生产力看作生态文明建设的核心要义；四是强调绿色发展方式与生活方式的新发展理念；五是“绿水青山就是金山银山”[38]的生态文明建设的重大原则与新财富理念；六是“良好生态环境是最普惠的民生福祉”[39]的思想或者说“环境就是民生”[40]的思想；七是生态文明制度体系建设与体制改革思想；八是共谋全球生态文明建设思想。这八个方面构成了习近平生态文明思想的理论框架与基本内容。习近平生态文明思想，作为党和国家十分宝贵的精神财富与理论宝库，我们必须要长期坚持。

习近平生态文明思想对马克思主义生态文明观的创新与发展，既体现在思想、观点与理念的创新与发展上，也体现在马克思主义生态文明观理论体系的科学建构上。从思想、观点与理念的角度讲，习近平生态文明思想不仅继承与发展了马克思主义生态文明观的基本原理、基本思想、基本立场与基本方法，还根据时代发展的新要求与新时代社会主义生态文明建设的具体实际提出了一系列关于生态文明建设的新理念新思想新战略，这是习近平生态文明思想对马克思主义生态文明观的创新与发展，是中国化马克思主义生态文明观的核心内容与基本思想。从马克思主义生态文明观理论体系的科学建构的角度讲，习近平生态文明思想是马克思主义生态文明观在当今最为科学与完善的理论体系，是马克思主义生态文明观理论体系建构上的伟大创新。众所周知，马克思恩格斯虽然在他们的文明观与生态观中有着很丰富的生态文明思想，但他们的生态文明思想并没有形成一个科学的理论体系。马克思恩格斯的生态文明思想之所以没有形成一个科学的理论体系，与其所处的历史时代有着密切的关系。在马克思恩格斯所生活的资产阶级时代，仍是一个资本主义工业文明主导的历史时代，生态文明作为新的文明理念并没有在他们所处的历史时代被提出来，也没有作为一种新的文明理念被实践。生态文明概念虽然在20世纪70~80年代被西方首先提出来，但在当代资本主义社会，生态文明建设并没有被资产阶级所真正重视与推崇。在当代资本主义社会，人们虽然有了生态文明理念与思想，但生态文明并没有成为资本主义国家的国家战略与资本主义文明建设的基本内容，西方马克思主义者的生态文明思想也没有成为资本主义文明建设或资产阶级文明建设的重要理论与指导思想。因此，当代西方的生态文明思想，无论是西方马克思主义者的生态文明思想，还是其他人的生态文明思想，在很大程度上缺乏生态文明的具体实践。当代西方的生态文明思想，更像是资本主义社会的生态文明乌托邦理论，而不是基于现实的生态文明建设实践的科学理论。也就是说，虽然现代西方社会存在生态文明思想，但其没有关于生态文明的科学理论体系。任何科学理论都是离不开实践的，没有实践，既不会有科学理论的生成，也不会有科学理论的发展。真正把马克思主义生态文明观科学化与理论化的，是中国的社会主义生态文明建设实践以及在实践中生成的习近平生态文明思想。由此可见，习近平生态文明思想实现了马克思主义生态文明观的理论创新与理论体系的科学建构，也实现了马克思主义生态文明观的时代化。

三 实现了马克思主义中国化的新飞跃

“马克思主义是我们立党立国的根本指导思想，是我们党的灵魂和旗帜。”[41]我们要让马克思主义这个思想有力量，要让我们党的旗帜更鲜明，马克思主义就要在中国落地生根，就必须要与中国具体实际相结合。只有本土化中国化的马克思主义，才能指导当代中国的建设与实践，才能为社会主义建设指明方向。“坚持把马克思主义基本原理同中国具体实际相结合、同中华优秀传统文化相结合，坚持实践是检验真理的唯一标准，坚持一切从实际出发，及时回答时代之问、人民之问，不断推进马克思主义中国化时代化。”[42]在马克思主义中国化时代化的历史进程中，马克思主义在中国获得了新的发展，实现了一次又一次的理论发展与理论飞跃。从马克思主义中国化所实现的飞跃历史来看，毛泽东思想是马克思主义基本原理同中国具体实际相结合所实现的第一次历史性飞跃，也是马克思主义中国化的第一个伟大成果。正如《中共中央关于党的百年奋斗重大成就和历史经验的决议》中所指出的那样：“毛泽东思想是马克思列宁主义在中国的创造性运用和发展，是被实践证明了的关于中国革命和建设的正确的理论原则和经验总结，是马克思主义中国化的第一次历史性飞跃。”[43]在改革开放与社会主义现代化建设新时期，“党领导和支持开展真理标准问题大讨论，从新的实践和时代特征出发坚持和发展马克思主义，科学回答了建设中国特色社会主义的发展道路、发展阶段、根本任务、发展动力、发展战略、政治保证、祖国统一、外交和国际战略、领导力量和依靠力量等一系列基本问题，形成中国特色社会主义理论体系，实现了马克思主义中国化新的飞跃"[44]。这是马克思主义基本原理同当代中国实际和时代特征相结合所实现的马克思主义中国化的第二次历史性飞跃，这次历史性飞跃，既产生了中国特色社会主义理论体系的开篇之作——邓小平理论，也产生了作为中国特色社会主义理论重要组成部分的"三个代表"重要思想与科学发展观。

随着经济社会的进一步发展以及社会主要矛盾的转变，中国的具体国情也在发生变化。变化着的国情以及不断发展的中国，也要求马克思主义与时俱进，跟上时代发展的步伐，能适应新的历史情况和发展环境，能为新的问题提供新的解决方案。随着中国特色社会主义进入新时代，"党面临的主要任务是，实现第一个百年奋斗目标，开启实现第二个百年奋斗目标新征程，朝着实现中华民族伟大复兴的宏伟目标继续前进"[45]。"中国特色社会主义新时代是我国发展新的历史方位。"[46]在我国发展新的方位上，中国特色社会主义新时代对马克思主义的创新与发展提出了更高的要求。在新时代中国特色社会主义的伟大建设实践中，"以习近平同志为主要代表的中国共产党人，坚持把马克思主义基本原理同中国具体实际相结合、同中华优秀传统文化相结合，坚持毛泽东思想、邓小平理论、'三个代表'重要思想、科学发展观，深刻总结并充分运用党成立以来的历史经验，从新的实际出发，创立了习近平新时代中国特色社会主义思想"[47]。"习近平新时代中国特色社会主义思想是当代中国马克思主义、二十一世纪马克思主义，是中华文化和中国精神的时代精华，实现了马克思主义中国化新的飞跃。"[48]这是马克思主义在中国化时代化的历史进程中，在马克思主义基本原理同中国具体实际相结合、同中华优秀传统文化相结合的过程中所实现的第三次历史性飞跃。

习近平中国特色社会主义思想，是由多个子思想体系及其他重要论述所构成的主题鲜明、系统全面、逻辑严密、内涵丰富、内在统一的科学理论体系。对于习近平新时代中国特色社会主义思想而言，习近平生态文明思想，与习近平经济思想、习近平外交思想、习近平强军思想、习近平法治思想一样，是其重要的理论组成部分，或说是其理论体系的子理论或子思想体系。习近平生态文明思想，是习近平新时代中国特色社会主义思想在指导社会主义生态文明建设的伟大实践中所形成的重要思想与重要理论成果。习近平生态文明思想，与习近平经济思想、习近平外交思想、习近平强军思想、习近平法治思想以及其他重要论述一同实现了马克思主义中国化新的飞跃，也一同构成了当代中国马克思主义、21 世纪马克思主义的时代内涵与理论内核。可以说，随着习近平生态文明思想的历史生成，习近平新时代中国特色社会主义思想也实现了新的发展，其内涵变得更加丰富。

“党中央强调，生态文明建设是关乎中华民族永续发展的根本大计，保护生态环境就是保护生产力，改善生态环境就是发展生产力，决不以牺牲环境为代价换取一时的经济增长。”[49] 建设生态文明是社会主义的本质要求，也是中国梦与美丽中国建设的客观要求。建设好生态文明，就一定要有先进思想的指导。在新时代，习近平新时代中国特色社会主义思想就是生态文明建设的根本遵循与行动指南。习近平新时代中国特色社会主义思想在对社会主义生态文明建设的具体实践理论指导中形成了习近平生态文明思想。习近平生态文明思想的形成，不仅丰富了习近平新时代中国特色社会主义思想体系，也创新与发展了马克思主义生态文明观与社会主义生态文明观，是马克思主义生态文明观中国化的重大理论成果。习近平生态文明思想的形成，实现了马克思主义生态文明观与社会主义生态文明观在中国特色社会主义新时代的理论飞跃，也是中国特色社会主义新时代马克思主义中国化实现了新的飞跃的重要体现。其对马克思主义中国化时代化具有重大的理论价值与历史意义。如果说习近平新时代中国特色社会主义思想是当代中国马克思主义、21 世纪马克思主义，那么习近平生态文明思想则是当代中国马克思主义生态文明思想、21 世纪马克思主义生态文明思想。习近平新时代中国特色社会主义思想所实现的新飞跃，就体现在习近平生态文明思想的最终形成上，也体现在习近平经济思想、习近平外交思想、习近平强军思想、习近平法治思想等思想体系的最终形成上。

社会主义生态文明进入新时代，党领导全国人民踏上第二个百年征程，在新的征程上，在全面建设社会主义现代化国家的历史进程中，“我们必须坚持马克思列宁主义、毛泽东思想、邓小平理论、‘三个代表’重要思想、科学发展观，全面贯彻新时代中国特色社会主义思想，坚持把马克思主义基本原理同中国具体实际相结合、同中华优秀传统文化相结合，用马克思主义观察时代、把握时代、引领时代，继续发展当代中国马克思主义、21 世纪马克思主义”[50]，不断开创当代中国马克思主义、21 世纪马克思主义的新境界。

结语　开启社会主义生态文明建设新征程

走进社会主义生态文明新时代，是社会主义生态文明建设史上的重大事件，也是全球生态文明建设史上的重大事件。社会主义生态文明建设在中国有着几十年的历史，但社会主义生态文明建设取得历史性成就，生态环境保护趋势发生全局性扭转，生态文明理念深入人心，则是在党的十八大以后。正如在《中共中央关于党的百年奋斗重大成就和历史经验的决议》中所指出的那样："党的十八大以来，党中央以前所未有的力度抓生态文明建设，全党全国推动绿色发展的自觉性和主动性显著增强，美丽中国建设迈出重大步伐，我国生态环境保护发生历史性、转折性、全局性变化。"[1]过去10年所取得的历史性成就是令人鼓舞的，也是令世人惊叹与敬畏的，但我们心里要清楚，这只是中国特色社会主义新时代生态文明建设所取得的阶段性成果，只是我们进入下一个新征程的历史起点与现实基础。随着我国开启全面建设社会主义现代化国家新征程，随着我们党开启实现第二个百年奋斗目标新征程，社会主义生态文明建设的任务变得更艰巨，其要达成的战略目标也更宏大。在新时代新征程上，社会主义生态文明建设必将在党的坚强领导下取得更大的历史成就与更丰硕的建设成果。

随着“十三五”规划目标任务胜利完成，随着全面建设小康社会取得决定性成就，我国开启了全面建设社会主义现代化国家新征程。全面建设社会主义现代化国家新征程，就是“在全面建成小康社会的基础上，分两步走，在本世纪中叶建成富强民主文明和谐美丽的社会主义现代化强国，以中国式现代化推进中华民族伟大复兴”[2]的新征程。在建成富强民主文明和谐美丽的社会主义现代化强国的伟大历史进程中所安排的“两步走”战略目标，也是“党的十九大对实现第二个百年奋斗目标作出分两个阶段推进的战略安排”[3]。“两步走”战略安排，是以习近平同志为核心的党中央对新时代中国特色社会主义发展作出的战略安排，其对实现中华民族伟大复兴的中国梦具有十分重大的历史意义。“两步走”战略安排，是有其战略目标要求的。具体来讲，“两步走”战略所包含的大的战略目标有两个：第一步走战略目标是指从 2020 年到 2035 年基本实现社会主义现代化的目标；第二步走战略目标是从 2035 年到本世纪中叶建成社会主义现代化强国的目标。从目标实现的时间维度来讲，第一步走战略目标所安排的时间是 15 年，第二步走战略目标所安排的时间也是 15 年。两个战略目标又可以细分为很多个具体目标。第一步走战略目标可以细分为 9 个具体的远景目标[4]，其中一个具体的远景目标是与社会主义生态文明建设紧密联系在一起的。这个目标就是：“广泛形成绿色生产生活方式，碳排放达峰后稳中有降，生态环境根本好转，美丽中国建设目标基本实现。”[5]这也告诉我们，在实现社会主义现代化强国的第一步走战略目标的具体目标中，包括社会主义生态文明建设所要达到的目标，特别包含着美丽中国建设的阶段性目标。

全面建设社会主义现代化国家新征程所要实现的第二步走战略目标，就是从 2035 年到本世纪中叶建成富强民主文明和谐美丽的社会主义现代化强国。第二步走战略目标是在第一步走战略目标圆满实现的基础上开展的。第一步走战略目标就是到 2035 年基本实现社会主义现代化，对于第二步走战略目标而言，就是在基本实现社会主义现代化的基础上，全面提升我国社会主义物质文明、政治文明、精神文明、社会文明、生态文明，到本世纪中叶建成富强民主文明和谐美丽的社会主义现代化强国。相比于第一步走战略目标而言，第二步走战略目标也可以细分为五个重要的子目标，即“一是拥有高度的物质文明，社会生产力水平大幅提高，核心竞争力名列世界前茅，经济总量和市场规模超越其他国家，建成富强的社会主义现代化强国。二是拥有高度的政治文明，形成又有集中又有民主、又有纪律又有自由、又有统一意志又有个人心情舒畅生动活泼的政治局面，依法治国和以德治国有机结合，建成民主的社会主义现代化强国。三是拥有高度的精神文明，践行社会主义核心价值观成为全社会自觉行动，国民素质显著提高，中国精神、中国价值、中国力量成为中国发展的重要影响力和推动力，建成文明的社会主义现代化强国。四是拥有高度的社会文明，城乡居民将普遍拥有较高的收入、富裕的生活、健全的基本公共服务，享有更加幸福安康的生活，全体人民共同富裕基本实现，公平正义普遍彰显，社会充满活力而又规范有序，建成和谐的社会主义现代化强国。五是拥有高度的生态文明，天蓝、地绿、水清的优美生态环境成为普遍常态，开创人与自然和谐共生新境界，建成美丽的社会主义现代化强国”[6]。综观这五个子目标，其中一个子目标与社会主义生态文明建设是紧密相关的。从全面建设社会主义现代化国家新征程所安排的“两步走”战略目标来看，无论是第一步走战略目标，还是第二步走战略目标，都蕴含着社会主义生态文明建设所要实现的重大目标。这一切都告诉我们，随着全面建设社会主义现代化国家新征程的开启，社会主义生态文明建设也开启了其新的征程。对于社会主义生态文明建设新征程而言，这是我国走向社会主义生态文明新时代以来，社会主义生态文明建设在新时代取得历史性进步之后进入的一个新的发展阶段。这个新发展阶段仍属于社会主义生态文明新时代的范畴。在这个社会主义生态文明新时代新征程上，社会主义生态文明建设有着不同于以往的要求与战略目标。社会主义生态文明新征程的战略目标要有利于全面建设社会主义现代化国家新征程的战略目标的实现。

从“两步走”战略目标所包含的两个与社会主义生态文明建设紧密相连的子目标来看，实现“两步走”战略目标离不开社会主义生态文明建设，可以说社会主义生态文明建设是实现“两步走”战略目标的重要途径。因此，对于社会主义生态文明而言，其建设新征程也可以做“两步走”战略安排，也有其“两步走”战略目标设置。在理解与把握社会主义生态文明建设新征程时，一定要把其与全面建设社会主义现代化国家新征程联系起来，一定要把其与实现第二个百年奋斗目标联系起来。全面建设社会主义现代化国家新征程所安排的“两步走”战略目标，是社会主义生态文明建设新征程在安排自身战略目标时需要参考与遵循的战略目标。社会主义生态文明建设新征程是要与全面建设社会主义现代化国家新征程同步的，也是要与党实现第二个百年奋斗目标新征程保持同步的。因此，对于社会主义生态文明建设新征程而言，其在战略目标安排上要与全面建设社会主义现代化国家的战略目标实现步骤保持一致。因此，对于社会主义生态文明建设新征程而言，其也应当实行“两步走”战略。相比于社会主义生态文明建设新征程所应当安排的“两步走”战略目标而言，全面建设社会主义现代化国家新征程所安排的“两步走”战略目标是大

“两步走”战略目标，社会主义生态文明建设新征程所安排的“两步走”战略目标是小“两步走”战略目标。大“两步走”战略目标包含小“两步走”战略目标，小“两步走”战略目标是大“两步走”战略目标的子战略目标。对于进入新征程的社会主义生态文明建设而言，在全面建设社会主义现代化国家新征程上安排的“两步走”战略目标中与社会主义生态文明建设相关的两个子目标，就是社会主义生态文明建设新征程的“两步走”战略目标。在社会主义生态文明建设新征程上，其“两步走”战略的第一步走战略目标就是在2035年：“广泛形成绿色生产生活方式，碳排放达峰后稳中有降，生态环境根本好转，美丽中国建设目标基本实现”[7]。第二步走战略目标则是在本世纪中叶：“拥有高度的生态文明，天蓝、地绿、水清的优美生态环境成为普遍常态，开创人与自然和谐共生新境界，建成美丽的社会主义现代化强国。”[8]第一步走战略目标是第二步走战略目标实现的前提与基础，第二步走战略目标是第一步走战略的目标的进一步发展与推进。在第二步走战略目标实现阶段，生态文明将全面提升，人类文明新形态建设将取得重大历史成就。

从全球生态文明建设的角度讲，在社会主义生态文明建设新征程中，还有两个对国际社会与世界人民的庄严承诺是要实现的。为了区别于国内的两个战略目标，暂且在这里把对国际社会与世界人民的两个庄严承诺称为社会主义生态文明建设新征程上所要实现的两个国际战略目标。第一步走国际战略目标就是力争在2030年前实现碳达峰[9]的庄严承诺，第二步走国际战略目标就是力争在2060年前实现碳中和[10]的庄严承诺。这两个国际战略目标，是中国作为负责任大国对全球环境与气候治理作出的目标承诺，也是中国作为负责任大国对全球生态文明建设作出的目标承诺。这两个庄严承诺，也可以说是社会主义生态文明建设新征程在全球生态文明建设中所设置的“两步走”战略目标。这也告诉我们，在社会主义生态文明建设新征程中，从社会主义生态文明建设作为全面建设社会主义现代化国家的重要内容与重要途径的角度讲，其有“两步走”国内战略目标；从社会主义生态文明建设作为全球生态文明建设的重要组成部分与主要引领力量的角度讲，社会主义生态文明建设也有“两步走”国际战略目标。前一个“两步走”战略目标是向中国人民作出的庄严承诺，后一个“两步走”战略目标是向世界人民作出的庄严承诺。两个“两步走”战略目标是有机统一的，实现国内战略目标有利于国际战略目标的实现，同样实现国际战略目标也有利于国内战略目标的实现。两个“两步走”战略目标都统一于中国特色社会主义新时代生态文明建设新征程的伟大实践之中。

在社会主义生态文明建设新征程上，实现两个国际战略目标并不是一件容易的事情。其既需要实现生产方式的绿色转型，也需要实现绿色生活方式的变革。这两个国际战略目标可以简单地表述为碳达峰目标和碳中和目标。相比于碳中和目标而言，碳达峰目标是一个相对容易实现的目标。习近平强调：“实现碳达峰、碳中和是一场广泛而深刻的经济社会系统性变革，要把碳达峰、碳中和纳入生态文明建设整体布局，拿出抓铁有痕的劲头，如期实现2030年前碳达峰、2060年前碳中和的目标。”[11]为了如期实现碳达峰目标和碳中和目标，“近期，我国发布了《关于完整准确全面贯彻新发展理念做好碳达峰碳中和工作的意见》和《2030年前碳达峰行动方案》，紧锣密鼓制定重点领域、重点行业的实施方案，加快形成碳达峰、碳中和‘1+N’政策体系”[12]。但无论是实现碳达峰目标还是碳中和目标，都离不开高科技的发展，特别是离不开绿色科技的发展与绿色技术体系的构建。碳达峰目标与碳中和目标，既是社会主义生态文明建设的重要战略目标，也是世界百年未有之大变局时代对全球经济发展的客观要求与时代呼唤。在社会主义生态文明建设新征程上，一定要以实现碳达峰和碳中和为契机，借助以新技术为代表的科技革命和产业革命，特别是借助于以绿色技术为代表的绿色科技革命和产业革命来实现经济社会建设的绿色转型，构建新型产业体系，建设现代化经济体系，实现经济的高质量增长与社会的高质量发展。在经济发展中，坚持以绿色产业转型为主攻方向，抓住全球产业升级的历史机遇，大力推动我国经济全面升级，把我国打造成为世界绿色产业发展中心、全球绿色经济发展中心，成为全球绿色发展的典范与中国样板。近几年来，“世界百年变局和世纪疫情相互交织，各种安全挑战层出不穷，世界经济复苏步履维艰，全球发展遭遇严重挫折”[13]，在这样的世界境况下，已有不少国家中止了甚至是放弃了碳达峰目标和碳中和目标，放弃了对世界人民的庄严承诺。中国作为负责任的大国，在多重挑战下依然坚守自身的庄严承诺，履行自身的国际义务，担负自身的人类责任，积极主动地通过自身的生态文明建设来践行自身的国际承诺，完成自己的历史使命。“为此，中国确定将于 2030 年左右使二氧化碳排放达到峰值并争取尽早实现，2030 年单位国内生产总值二氧化碳排放比 2005 年下降 60%至 65%，非化石能源占一次能源消费比重达到 20%左右，森林蓄积量比 2005 年增加 45 亿立方米左右。”[14]

在社会主义生态文明建设新征程上，不仅我们自身要加快绿色转型、实现绿色发展，还要帮助发展中国家加快绿色转型、实现绿色发展，与世界各国共同促进全球可持续发展，推动全球发展迈向生态文明新时代。绿色发展，是生态文明建设的客观要求，是保护生产力与发展生产力的客观要求，是不可阻挡的世界经济发展潮流。中国愿意与世界各国加强清洁能源、低碳技术合作，助力各国产业结构绿色转型与升级，共同走绿色发展道路，让全球生态文明建设成果更多更公平地惠及世界人民。在社会主义生态文明建设新征程上，我们不仅要实现美丽中国的建设目标，也要在美丽中国建设目标实现的基础之上，与世界人民携手一同推进美丽世界建设，把地球这个我们的绿色家园建设好，为我们的子孙后代留下天蓝、地绿、水清的美丽世界。生态文明建设不仅关乎我们当代人的福祉，也关乎我们子孙后代的福祉，生态文明建设是中华民族长久延续的千年大计。在中国特色社会主义新时代，在全面建设社会主义现代化国家新征程上，生态文明建设搞不好，我们将成为历史的千古罪人。在社会主义生态文明建设新征程上，只有坚持不懈、常抓不放、砥砺前行、奋力有为，我们才能实现战略目标，才能迈入全球生态文明新时代。时代在呼唤我们，胜利在召唤我们，对于我们这一代人而言，我们将在我们的奋斗中见证历史。

要在新时代社会主义生态文明建设的新征程上实现既定的战略目标，未来五年是极为重要的关键时期。搞好这五年的社会主义生态文明建设，对于实现社会主义的既定战略目标至关重要，对于建成社会主义现代化强国至关重要，“对于实现第二个百年奋斗目标至关重要”[15]。在未来五年，社会主义生态文明建设，要“着力在补短板、强弱项、固底板、扬优势上下功夫，研究提出解决问题的新思路、新举措”[16]，为如期实现既定的战略目标开好局、铺好路。在新时代新征程上，社会主义生态文明建设的各项目标任务能不能如期实现，关键在党。只要我们在以习近平同志为核心的党中央的坚强领导下，坚持以习近平新时代中国特色社会主义思想为指导，坚持以习近平生态文明思想为根本遵循，社会主义生态文明建设的战略目标就一定会实现，美丽中国建设的目标就一定会实现，到那时，我们必将生活在人与自然和谐共生的美丽中国与美丽世界之中。在社会主义生态文明建设新征程上，“我们要牢固树立社会主义生态文明观，推动形成人与自然和谐发展现代化建设新格局，为保护生态环境作出我们这代人的努力！”[17] “一代人有一代人的使命。建设生态文明，功在当代，利在千秋。让我们从自己、从现在做起，把接力棒一棒一棒传下去。”[18]

注　释

前　言

[1]〔联邦德国〕A. 施密特：《马克思的自然概念》，欧力同、吴仲昉译，商务印书馆，1988，第173页。

[2]《习近平谈治国理政》第3卷，外文出版社，2020，第374页。

[3] 同上。

[4]《中共中央关于党的百年奋斗重大成就和历史经验的决议》，《人民日报》2021年11月17日。

[5] 同上。

[6] 同上。

[7]《习近平谈治国理政》第2卷，外文出版社，2017，第393页。

[8]《习近平谈治国理政》第3卷，外文出版社，2020，第76页。

[9]《推动生态文明建设不断取得新成效》，《人民日报》2022年7月7日。

第一章　人类生态文明思想生成与发展的历史考察

[1] 对于生态文明，是把其看作一种新的文明发展类型或新的文明发展形态，还是把其看作一种新的文明发展形式或一种新的文明内容形式，要根据具体的语境来看。当把其作为与农耕文明、工业文明不同的文明来看的时候，生态文明就是作为一种新的文明发展形态或相比于工业文明而言的人类文明新形态来讲的。当把其与物质文明、政治文明、精神文明、社会文明放在一起的时候，其指向的应是相比于物质文明、政治文明、精神文明、社会文明而言的新的文明发展形式或新的文明内容形式。本书对生态文明这个概念的使用，也存在这两种情况。

[2]《习近平谈治国理政》第 3 卷，外文出版社，2020，第 360 页。

[3] 李惠斌等主编《生态文明与马克思主义》，中央编译出版社，2008，第 7 页。

[4]《习近平谈治国理政》第 3 卷，外文出版社，2020，第 359 页。

[5]〔美〕阿瑟·赫尔曼：《文明衰落论：西方文化悲观主义的形成与演变》，张爱平等译，上海人民出版社，2007，第 23 页。

[6] 在唯物主义历史观与马克思主义文明观的视域中："国家是文明社会的概括"（《马克思恩格斯选集》第 4 卷，人民出版社，2012，第 193 页），因而从国家的维度讲，文明的伊始也表现为国家时代的开始。

[7]〔奥〕西格蒙·弗洛伊德：《一种幻想的未来　文明及其不满》，严志军等译，上海人民出版社，2007，第 22 页。

[8]〔美〕塞缪尔·亨廷顿：《文明的冲突与世界秩序的重建》（修

订版)，周琪等译，新华出版社，2009，第20~21页。

[9]《马克思恩格斯文集》第1卷，人民出版社，2009，第97页。

[10] 1866年，恩斯特·海克尔在《普遍有机体形态学》中创造与使用了“生态学”（ecology）这一新词，并赋予其特定的意义。其认为生态学“意指关注自然经济学的这种知识体系——关注动物与其有机和无机环境之间总体关系的调查；它首先包括那些与之直接和间接接触的动物和植物之间的有害与敌对关系——简而言之，生态学就是对达尔文称为‘生存斗争条件’的那些复杂相互关系的研究。这样，这种在狭义上经常被不准确地称为‘生态学’的生态科学，其形成了通常所说的‘自然历史’的主要内容。”参见〔美〕约翰·贝拉米·福斯特《马克思的生态学：唯物主义与自然》，刘仁胜等译，高等教育出版社，2006，第218页。

[11]“所谓矛盾修饰法，是指把相互抵触的语词结合在一起。”参见李惠斌等主编《生态文明与马克思主义》，中央编译出版社，2008，第3页。

[12] 李惠斌等主编《生态文明与马克思主义》，中央编译出版社，2008，第3页。

[13] 季昆森：《建设生态文明　增强可持续发展的能力》，《江淮论坛》2011年第6期。

[14] 参见郇庆治、高兴武、仲亚东《绿色发展与生态文明建设》，湖南人民出版社，2013，第14~20页。

[15] 参见〔联邦德国〕I. 费切尔《论人类生存的环境——兼论进步的辩证法》，孟庆时译，《哲学译丛》1982年第5期。

[16]〔联邦德国〕I. 费切尔：《论人类生存的环境——兼论进步的

辩证法》，孟庆时译，《哲学译丛》1982年第5期。
[17] 张春燕：《百年一叶》，《中国生态文明》2014年第1期。
[18] 同上。
[19] 王雨辰：《走进生态文明》，湖北人民出版社，2011，第37页。
[20] 转引自王雨辰《走进生态文明》，湖北人民出版社，2011，第38页。
[21] 王雨辰：《走进生态文明》，湖北人民出版社，2011，第39页。
[22] 同上书，第41页。
[23] 同上。
[24] 同上书，第42~43页。
[25] 张敏：《论生态文明及其当代价值》，中国致公出版社，2011，第2页。
[26] 贾卫列等：《生态文明建设概论》，中央编译出版社，2013，第2页。
[27] 戴圣鹏：《经济文明视域中的生态文明建设》，《人文杂志》2020年第6期。
[28] 同上。

第二章　社会主义生态文明的理论源泉与内在维度

[1] 李惠斌等主编《生态文明与马克思主义》，中央编译出版社，2008，第12页。
[2] 同上书，第191~192页。
[3] 戴圣鹏：《马克思主义文明观研究》，中国社会科学出版社，2020，第95页。

［4］《马克思恩格斯选集》第2卷，人民出版社，2012，第169页。
［5］《马克思恩格斯选集》第3卷，人民出版社，2012，第996页。
［6］同上书，第998页。
［7］同上。
［8］《马克思恩格斯选集》第1卷，人民出版社，2012，第55页。
［9］《马克思恩格斯选集》第3卷，人民出版社，2012，第815页。
［10］同上书，第1000页。
［11］同上。
［12］同上书，第815页。
［13］同上。
［14］同上书，第817页。
［15］王雨辰：《走进生态文明》，湖北人民出版社，2011，第2页。
［16］同上。
［17］〔加〕本·阿格尔：《西方马克思主义概论》，慎之等译，中国人民大学出版社，1991，第427页。
［18］〔美〕詹姆斯·奥康纳：《自然的理由：生态学马克思主义研究》，唐正东、臧佩洪译，南京大学出版社，2003，第254~255页。
［19］复旦大学哲学系现代西方哲学研究室编译《西方学者论〈一八四四年经济学-哲学手稿〉》，复旦大学出版社，1983，第144页。
［20］马尔库塞的“解放自然主要是指：①解放属人的自然，即作为人的合理性和经验的基础的人的原始冲动和感觉；②解放外部的自然界，即人的存在的环境。”马尔库塞指出，解放自然不是要“倒退到前工业技术阶段去，而是进而利用技术方面的成

就，把人与自然界从为剥削服务的破坏性滥用的科学技术中解放出来”。参见复旦大学哲学系现代西方哲学研究室编译《西方学者论〈一八四四年经济学-哲学手稿〉》，复旦大学出版社，1983，第144~145页。

[21] 复旦大学哲学系现代西方哲学研究室编译《西方学者论〈一八四四年经济学-哲学手稿〉》，复旦大学出版社，1983，第145页。

[22] 马尔库塞之所以强调要按照美的原理塑造对象世界来揭示人的自由，究其缘由就在于，在马尔库塞看来："美的属性本质上是非损害性的，并且是非盛气凌人的。"参见复旦大学哲学系现代西方哲学研究室编译《西方学者论〈一八四四年经济学-哲学手稿〉》，复旦大学出版社，1983，第159页。

[23] 文明过度是马克思恩格斯文明观中的一个非常重要的思想。在马克思恩格斯看来，文明过度，实质上就是指资本主义社会的生产过剩，其重要表现就是资本主义社会的经济危机。

[24] 〔加〕本·阿格尔：《西方马克思主义概论》，慎之等译，中国人民大学出版社，1991，第486页。

[25] 稳态经济，“要求缩减资本主义的生产能力和扩大资本主义国家的调节作用”，要求“必须重新评价人的物质需要，并大大削减这种需求”，主张将人的需要“引向精神和文化领域”。参见〔加〕本·阿格尔《西方马克思主义概论》，慎之等译，中国人民大学出版社，1991，第474页。

[26] 〔加〕本·阿格尔：《西方马克思主义概论》，慎之等译，中国人民大学出版社，1991，第509页。

[27] 同上书，第476页。

[28] 同上书，第 494 页。

[29] 〔美〕詹姆斯·奥康纳：《自然的理由：生态学马克思主义研究》，唐正东、臧佩洪译，南京大学出版社，2003，第 292 页。

[30] 同上书，第 293 页。

[31] 同上。

[32] 同上书，第 266 页。

[33] 同上书，第 269 页。

[34]《习近平谈治国理政》第 3 卷，外文出版社，2020，第 363 页。

[35]《马克思恩格斯选集》第 3 卷，人民出版社，2012，第 357 页。

[36]《习近平谈治国理政》第 3 卷，外文出版社，2020，第 361 页。

[37] 同上书，第 469 页。

[38]《马克思恩格斯选集》第 1 卷，人民出版社，2012，第 57 页。

[39] 其他生命体的权利，既包括动物的权利，也包括植物的权利。

[40] 在唯物主义历史观与马克思恩格斯的文明观的视野中，文明时代是有其特定内涵的。在他们看来，文明时代指的就是阶级与私有制存在的文明社会，包括奴隶文明、封建文明与资本主义文明等发展形态，或者说其包括古代文明与资本主义现代文明等发展形态。

[41]《马克思恩格斯选集》第 3 卷，人民出版社，2012，第 518 页。

[42] 同上书，第 371 页。

[43]《习近平谈治国理政》第 3 卷，外文出版社，2020，第 288 页。

[44] 同上书，第 142 页。

[45] 同上书，第 362 页。

[46] 同上书，第 140 页。

[47] 同上。

[48]《马克思恩格斯选集》第1卷，人民出版社，2012，第140页。
[49]《习近平谈治国理政》第2卷，外文出版社，2017，第40页。

第三章 社会主义生态文明建设的历史演进与基本经验

[1]《毛泽东文集》第8卷，人民出版社，1999，第72页。

[2] 耿建扩、陈元秋：《塞罕坝精神：奋斗创造绿色奇迹 实践诠释“两山”理念》，《光明日报》2021年1月20日。

[3] 1979年，叶剑英同志在庆祝中华人民共和国成立三十周年大会上的讲话中提出了“社会主义物质文明与精神文明”这个重要思想。“两个文明”思想，后也出现在邓小平的重要讲话中。随着党和国家对“两个文明”建设的重视，“两个文明”建设思想就成为改革开放初期乃至到现在国家现代化建设的重要指导思想与社会主义文明建设的基本内容。

[4]《邓小平文选》第3卷，人民出版社，1993，第21页。

[5]《中共中央关于党的百年奋斗重大成就和历史经验的决议》，《人民日报》2021年11月17日。

[6]《江泽民文选》第1卷，人民出版社，2006，第532页。

[7] 同上书，第533页。

[8] 同上书，第534页。

[9] 同上。

[10]《胡锦涛文选》第2卷，人民出版社，2016，第188页。

[11] 同上书，第171页。

[12] 同上。

[13] 同上。

[14] 同上书，第 184 页。

[15] 同上书，第 189 页。

[16]《十七大以来重要文献选编》（上），中央文献出版社，2009，第 16 页。

[17] 同上书，第 15 页。

[18] 同上书，第 109 页。

[19]《胡锦涛文选》第 3 卷，人民出版社，2016，第 6 页。

[20]《胡锦涛文选》第 2 卷，人民出版社，2016，第 628 页。

[21]《胡锦涛文选》第 3 卷，人民出版社，2016，第 6 页。

[22] 同上书，第 610 页。

[23] 同上书，第 351 页。

[24] 同上书，第 352 页。

[25] 同上书，第 609 页。

[26]《习近平谈治国理政》，外文出版社，2014，第 11 页。

[27]《胡锦涛文选》第 3 卷，人民出版社，2016，第 609 页。

[28]《习近平谈治国理政》，外文出版社，2014，第 11 页。

[29]《十八大以来重要文献选编》（上），中央文献出版社，2014，第 30~31 页。

[30]《习近平谈治国理政》，外文出版社，2014，第 208 页。

[31] 同上书，第 211~212 页。

[32] 同上书，第 208 页。

[33]《习近平谈治国理政》第 2 卷，外文出版社，2017，第 79 页。

[34] 同上。

[35]《中共中央关于党的百年奋斗重大成就和历史经验的决议》，《人民日报》2021 年 11 月 17 日。

[36]《中国共产党第十九届中央委员会第六次全体会议公报》，中国政府网，http://www.gov.cn/xinwen/2021-11/11/content_5650329.htm。

[37]《中共中央关于党的百年奋斗重大成就和历史经验的决议》，《人民日报》2021年11月17日。

[38] 同上。

[39] 同上。

[40]《习近平谈治国理政》第3卷，外文出版社，2020，第362页。

[41]《中共中央关于党的百年奋斗重大成就和历史经验的决议》，《人民日报》2021年11月17日。

[42] 同上。

[43] 同上。

[44] 同上。

第四章　“绿水青山就是金山银山”：社会主义生态文明建设的财富理念

[1] 也有学者把习近平提出的“绿水青山就是金山银山”理念，称为“两山”理论。但从习近平在党的十九大报告中所提出的“树立和践行绿水青山就是金山银山的理念”这个表述来看，简称为“‘两山’理念”相比于简称为“‘两山’理论”更为准确一些。

[2]《马克思恩格斯选集》第4卷，人民出版社，2012，第122页。

[3] 同上书，第62页。

[4] 同上书，第178页。

［5］《马克思恩格斯选集》第2卷，人民出版社，2012，第147页。

［6］同上书，第148页。

［7］《马克思恩格斯选集》第1卷，人民出版社，2012，第403页。

［8］同上。

［9］《马克思恩格斯选集》第2卷，人民出版社，2012，第268页。

［10］《习近平谈治国理政》第2卷，外文出版社，2017，第559页。

［11］习近平：《之江新语》，浙江人民出版社，2007，第13页。

［12］同上。

［13］同上书，第153页。

［14］同上书，第186页。

［15］《习近平关于全面建成小康社会论述摘编》，中央文献出版社，2016，第171页。

［16］《马克思恩格斯选集》第1卷，人民出版社，2012，第33页。

［17］《马克思恩格斯选集》第3卷，人民出版社，2012，第988页。

［18］《马克思恩格斯选集》第4卷，人民出版社，2012，第194页。

［19］《习近平谈治国理政》第3卷，外文出版社，2020，第361页。

［20］《马克思恩格斯选集》第1卷，人民出版社，2012，第412页。

［21］《习近平谈治国理政》第3卷，外文出版社，2020，第362页。

［22］同上书，第361页。

［23］同上书，第19页。

［24］习近平：《之江新语》，浙江人民出版社，2007，第153页。

［25］《人民日报》评论部：《绿水青山就是金山银山——共同建设我们的美丽中国》，《人民日报》2020年8月11日。

［26］《习近平谈治国理政》第3卷，外文出版社，2020，第375页。

［27］《人民日报》评论部：《绿水青山就是金山银山——共同建设我

们的美丽中国》，《人民日报》2020年8月11日。
[28]《习近平谈治国理政》第3卷，外文出版社，2020，第361页。
[29] 同上书，第362页。

第五章　绿色发展：社会主义生态文明建设的现实路径

[1]《习近平谈治国理政》第3卷，外文出版社，2020，第367页。
[2] 同上。
[3]《习近平谈治国理政》第2卷，外文出版社，2017，第197页。
[4] 同上。
[5] 同上书，第200页。
[6] 同上书，第197页。
[7] 同上书，第198页。
[8] 同上书，第207页。
[9] 同上书，第243页。
[10] 同上。
[11] 同上书，第242页。
[12] 参见钱易、唐孝炎《环境保护与可持续发展（第二版）》，高等教育出版社，2010，第161页。
[13] 李永峰等主编《可持续发展概论》，哈尔滨工业大学出版社，2013，第6页。
[14] 曲格平：《中国的环境与发展》，中国环境科学出版社，1992，第93页。
[15]《习近平谈治国理政》第3卷，外文出版社，2020，第367页。
[16] 同上书，第374页。

[17]《习近平谈治国理政》第2卷，外文出版社，2017，第210页。

[18] 同上书，第272页。

[19] 同上。

[20]《邓小平文选》第3卷，人民出版社，1993，第274页。

[21] 韩鑫:《我国工业绿色发展成绩亮眼》,《人民日报》2020年8月26日。

[22]《习近平谈治国理政》第2卷，外文出版社，2017，第365页。

[23] 同上书，第372页。

[24]《习近平谈治国理政》第3卷，外文出版社，2020，第38页。

[25] 同上书，第172页。

[26] 同上书，第40页。

[27] 同上书，第241页。

[28] 同上。

[29]《习近平谈治国理政》第2卷，外文出版社，2017，第272页。

[30] 同上书，第198页。

[31]《习近平谈治国理政》第3卷，外文出版社，2020，第24页。

[32] 韩鑫:《我国工业绿色发展成绩亮眼》,《人民日报》2020年8月26日。

[33]《习近平谈治国理政》第3卷，外文出版社，2020，第368页。

[34] 同上书，第40页。

[35] 同上书，第375页。

[36] 罗珊珊:《让绿色消费成为时尚》,《人民日报》2020年12月2日。

[37]《马克思恩格斯选集》第2卷，人民出版社，2012，第61页。

[38] 同上书，第639页。

[39]《国土绿化扮靓美丽中国》，《人民日报》2022年5月7日。
[40]《习近平谈治国理政》第3卷，外文出版社，2020，第40页。
[41] 赵建军等：《绿色发展的动力机制研究》，北京科学技术出版社，2014，第29页。
[42]《习近平谈治国理政》第3卷，外文出版社，2020，第245~246页。
[43] 韩鑫：《我国工业绿色发展成绩亮眼》，《人民日报》2020年8月26日。
[44] 赵建军等：《绿色发展的动力机制研究》，北京科学技术出版社，2014，第31页。
[45] 本报记者：《推动减污降碳协同增效、促进经济社会发展全面绿色转型》，《人民日报》2021年12月9日。
[46]《我国可再生能源实现跨越式发展　装机规模稳居全球首位》，光明网，https://politics.gmw.cn/2022-07/10/content_35872937.htm。
[47]《习近平谈治国理政》第3卷，外文出版社，2020，第361页。
[48]《马克思恩格斯选集》第1卷，人民出版社，2012，第222页。
[49]《习近平谈治国理政》第3卷，外文出版社，2020，第367页。
[50]《习近平谈治国理政》第1卷，外文出版社，2018，第212页。

第六章　美丽中国与美丽世界：社会主义生态文明建设的理想蓝图

[1]《十八大以来重要文献选编》（上），中央文献出版社，2014，第31页。

[2]《习近平关于社会主义生态文明建设论述摘编》，中央文献出版社，2017，第20页。

[3]《中共中央关于制定国民经济和社会发展第十三个五年规划的建议》，《人民日报》2015年11月4日。

[4]《十九大以来重要文献选编》（上），中央文献出版社，2019，第20页。

[5] 同上。

[6] 同上。

[7]《习近平谈治国理政》第3卷，外文出版社，2020，第374页。

[8] 习近平：《共同构建地球生命共同体——在〈生物多样性公约〉第十五次缔约方大会领导人峰会上的主旨讲话》，《光明日报》2021年10月13日。

[9] 同上。

[10] 同上。

[11]《习近平谈治国理政》第3卷，外文出版社，2020，第433页。

[12] 同上书，第434页。

[13]《习近平谈治国理政》，外文出版社，2014，第36页。

[14] 同上书，第33页。

[15] 同上书，第36页。

[16] 同上书，第56页。

[17] 同上书，第49页。

[18]《习近平谈治国理政》第3卷，外文出版社，2020，第374页。

[19] 同上书，第111页。

[20] 贾治邦：《论生态文明》（第2版），中国林业出版社，2015，第186页。

[21]《习近平关于社会主义生态文明建设论述摘编》，中央文献出版社，2017，第20页。
[22]《习近平谈治国理政》第2卷，外文出版社，2017，第30页。
[23] 同上书，第323页。
[24]《习近平谈治国理政》第3卷，外文出版社，2020，第362页。
[25] 侯雪静、高敬：《推进美丽中国建设——党的十八大以来生态文明建设成就综述》，中国政府网，http://www.gov.cn/xinwen/2017-08/12/content_5217433.htm。
[26] 同上。
[27] 同上。
[28] 杨舒：《美丽中国建设迈出重大步伐》，《光明日报》2022年2月28日。
[29] 中华人民共和国生态环境部：《生态环境部发布2020年全国生态环境质量简况》，2021年3月2日。
[30] 同上。
[31] 杨舒：《美丽中国建设迈出重大步伐》，《光明日报》2022年2月28日。
[32] 同上。
[33]《习近平主席在出席世界经济论坛2017年年会和访问联合国日内瓦总部时的演讲》，人民出版社，2017，第29页。
[34]《习近平关于全面建成小康社会论述摘编》，中央文献出版社，2016，第3页。
[35]《习近平关于总体国家安全观论述摘编》，中央文献出版社，2018，第8页。
[36]《习近平谈治国理政》，外文出版社，2014，第64页。

[37]《习近平谈治国理政》第2卷，外文出版社，2017，第525页。

[38]《习近平谈治国理政》，外文出版社，2014，第57页。

[39]《习近平谈治国理政》第2卷，外文出版社，2017，第525页。

[40]《习近平关于实现中华民族伟大复兴的中国梦论述摘编》，中央文献出版社，2013，第73页。

[41] 习近平：《在纪念五四运动100周年大会上的讲话》，人民出版社，2019，第18页。

[42]《习近平谈治国理政》第3卷，外文出版社，2020，第375页。

[43]《习近平谈治国理政》第2卷，外文出版社，2017，第525页。

[44] 参见李惠斌等主编《生态文明与马克思主义》，中央编译出版社，2008，第5页。

[45] 同上书，第12页。

[46]《习近平谈治国理政》第3卷，外文出版社，2020，第375页。

[47]《习近平谈治国理政》第2卷，外文出版社，2017，第525页。

[48]《习近平谈治国理政》第3卷，外文出版社，2020，第364页。

[49] 习近平：《共同构建人与自然生命共同体——在“领导人气候峰会”上的讲话》，《人民日报》2021年4月23日。

[50] 习近平：《共谋绿色生活，共建美丽家园——在2019年中国北京世界园艺博览会开幕式上的讲话》，《人民日报》2019年4月29日。

[51] 习近平：《共同构建人与自然生命共同体——在“领导人气候峰会”上的讲话》，《人民日报》2021年4月23日。

[52]《凝聚绿色共识　共促绿色发展》，《人民日报》2022年2月10日。

[53] 同上。

[54] 同上。
[55] 同上。
[56] 同上。

第七章 满足人民的美好生活需要：社会主义生态文明建设的出发点与落脚点

[1]《习近平谈治国理政》第3卷，外文出版社，2020，第9页。
[2] 同上。
[3] 同上书，第39页。
[4]《习近平谈治国理政》，外文出版社，2014，第424页。
[5] 习近平：《决胜全面建成小康社会 夺取新时代中国特色社会主义伟大胜利——在中国共产党第十九次全国代表大会上的报告》，人民出版社，2017，第45页。
[6]《习近平谈治国理政》第3卷，外文出版社，2020，第9页。
[7]《习近平谈治国理政》，外文出版社，2014，第4页。
[8] 马斯洛的需求层次理论经历了从5种需要发展到8种需要的演进过程。5种需要即生理需要、安全需要、归宿和爱的需要（也可称为社交需要）、尊重需要和自我实现需要，此后，马斯洛又在这5种需要的基础之上增加了认知需要、审美需要和超越需要，从而最终形成了其8种需要理论。
[9]《习近平谈治国理政》第3卷，外文出版社，2020，第9页。
[10]《习近平谈治国理政》第2卷，外文出版社，2017，第209页。
[11] 同上书，第374页。
[12] 王吉全、文松辉：《绿色发展见证中国行动力》，《人民日报》

2016年3月14日。

[13]《习近平谈治国理政》第3卷，外文出版社，2020，第9页。

[14] 同上书，第238~239页。

[15] 同上书，第238页。

[16]〔德〕黑格尔：《美学》第1卷，朱光潜译，商务印书馆，2009，第149页。

[17] 同上书，第142页。

[18] 同上书，第143页。

[19] 同上书，第4页。

[20]《习近平谈治国理政》第3卷，外文出版社，2020，第361页。

[21] 同上书，第39页。

[22] 同上书，第187页。

[23] 习近平：《在纪念马克思诞辰200周年大会上的讲话》，人民出版社，2018，第21~22页。

第八章　构建人与自然生命共同体：社会主义生态文明建设的责任担当

[1] 习近平：《共同构建人与自然生命共同体——在“领导人气候峰会”上的讲话》，《人民日报》2021年4月23日。

[2] 同上。

[3]《马克思恩格斯选集》第1卷，人民出版社，2012，第146页。

[4] 同上书，第55页。

[5] 同上书，第56页。

[6] 同上书，第55页。

[7] 习近平：《在纪念马克思诞辰200周年大会上的讲话》，人民出版社，2018，第21页。
[8] 同上。
[9] 习近平：《共同构建地球生命共同体——在〈生物多样性公约〉第十五次缔约方大会领导人峰会上的主旨讲话》，《光明日报》2021年10月13日。
[10] 同上。
[11]《马克思恩格斯选集》第4卷，人民出版社，2012，第193页。
[12]《习近平谈治国理政》第3卷，外文出版社，2020，第19页。
[13]《习近平谈治国理政》第2卷，外文出版社，2017，第209页。
[14]《习近平谈治国理政》第3卷，外文出版社，2020，第41页。
[15] 同上书，第364页。
[16] 同上书，第374页。
[17] 同上书，第360页。
[18] 同上书，第361页。
[19] 同上书，第363页。
[20] 同上。
[21] 同上。
[22] 习近平：《共同构建人与自然生命共同体——在"领导人气候峰会"上的讲话》，《人民日报》2021年4月23日。
[23] 同上。
[24] 同上。
[25]《习近平谈治国理政》第3卷，外文出版社，2020，第9页。
[26]《马克思恩格斯选集》第3卷，人民出版社，2012，第172页。
[27] 习近平：《共同构建人与自然生命共同体——在"领导人气候

峰会”上的讲话》，《人民日报》2021年4月23日。
[28]《习近平谈治国理政》第3卷，外文出版社，2020，第39页。
[29]《中共中央关于党的百年奋斗重大成就和历史经验的决议》，《人民日报》2021年11月17日。
[30] 和音：《坚持绿色发展，构建人与自然生命共同体》，《人民日报》2021年10月11日。
[31]《习近平谈治国理政》，外文出版社，2014，第212页。
[32] 侯雪静、高敬：《推进美丽中国建设——党的十八大以来生态文明建设成就综述》，中国政府网，http://www.gov.cn/xinwen/2017-08/12/content_5217433.htm。
[33]《习近平谈治国理政》第2卷，外文出版社，2017，第525页。
[34] 和音：《坚持绿色发展，构建人与自然生命共同体》，《人民日报》2021年10月11日。

第九章 在社会主义生态文明建设中创造人类文明新形态

[1] 习近平：《在庆祝中国共产党成立100周年大会上的讲话》，人民出版社，2021，第13~14页。
[2]《习近平关于社会主义生态文明建设论述摘编》，中央文献出版社，2017，第5、20页。
[3] 习近平：《共同构建地球生命共同体——在〈生物多样性公约〉第十五次缔约方大会领导人峰会上的主旨讲话》，《光明日报》2021年10月13日。
[4] 习近平：《在庆祝中国共产党成立100周年大会上的讲话》，人民出版社，2021，第14页。

[5]《中共中央关于党的百年奋斗重大成就和历史经验的决议》,《人民日报》2021 年 11 月 17 日。

第十章　在社会主义生态文明建设中深化与创新马克思主义

[1]《中共中央关于党的百年奋斗重大成就和历史经验的决议》,《人民日报》2021 年 11 月 17 日。
[2]《习近平谈治国理政》第 3 卷,外文出版社,2020,第 76 页。
[3]《马克思恩格斯选集》第 3 卷,人民出版社,2012,第 797 页。
[4] 同上书,第 796 页。
[5] 同上书,第 817 页。
[6] 同上书,第 364 页。
[7] 同上。
[8] 同上。
[9]《列宁选集》第 3 卷,人民出版社,2012,第 194 页。
[10] 同上书,第 200 页。
[11] 同上。
[12] 同上。
[13] 同上书,第 199 页。
[14]《列宁选集》第 4 卷,人民出版社,2012,第 91 页。
[15]《列宁选集》第 3 卷,人民出版社,2012,第 490 页。
[16] 同上书,第 747 页。
[17]《毛泽东文集》第 7 卷,人民出版社,1999,第 1 页。
[18]《毛泽东文集》第 8 卷,人民出版社,1999,第 116 页。
[19]《邓小平文选》第 3 卷,人民出版社,1993,第 373 页。

[20] 同上书，第116页。

[21]《习近平谈治国理政》第3卷，外文出版社，2020，第361页。

[22] 同上。

[23] 习近平：《论把握新发展阶段、贯彻新发展理念、构建新发展格局》，中央文献出版社，2021，第526页。

[24]《马克思恩格斯选集》第1卷，人民出版社，2012，第155页。

[25] 同上书，第134页。

[26] 同上书，第413页。

[27] 同上。

[28] 同上。

[29]《习近平谈治国理政》第3卷，外文出版社，2020，第39页。

[30]"两个文明"指的是社会主义物质文明和社会主义精神文明。

[31]"三位一体"指的是社会主义经济建设、政治建设、文化建设。

[32]"四位一体"指的是社会主义经济建设、政治建设、文化建设、社会建设。

[33]《十六大以来重要文献选编》（上），中央文献出版社，2005，第686页。

[34]《马克思恩格斯全集》第4卷，人民出版社，1958，第104页。

[35] 同上。

[36]《习近平谈治国理政》第3卷，外文出版社，2020，第374页。

[37] 同上书，第360页。

[38]《习近平谈治国理政》第2卷，外文出版社，2017，第559页。

[39]《习近平谈治国理政》第3卷，外文出版社，2020，第362页。

[40] 同上。

[41] 习近平：《在庆祝中国共产党成立100周年大会上的讲话》，人

民出版社，2021，第 12 页。
[42]《中共中央关于党的百年奋斗重大成就和历史经验的决议》，《人民日报》2021 年 11 月 17 日。
[43] 同上。
[44] 同上。
[45] 同上。
[46] 同上。
[47] 同上。
[48] 同上。
[49] 同上。
[50] 习近平：《在庆祝中国共产党成立 100 周年大会上的讲话》，人民出版社，2021，第 13 页。

结语　开启社会主义生态文明建设新征程

[1]《中共中央关于党的百年奋斗重大成就和历史经验的决议》，《人民日报》2021 年 11 月 17 日。
[2] 同上。
[3] 同上。
[4]《毛泽东思想和中国特色社会主义理论体系概论》，高等教育出版社，2021，第 214~215 页。
[5] 同上书，第 215 页。
[6] 同上书，第 216 页。
[7] 同上书，第 215 页。
[8] 同上书，第 216 页。

[9] 碳达峰是指我国承诺2030年前二氧化碳的排放不再增长，达到峰值之后逐步降低。参见《毛泽东思想和中国特色社会主义理论体系概论》，高等教育出版社，2021，第251页。

[10] 碳中和是指企业、团体或个人测算，在一定时间内直接或间接产生的温室气体排放总量，通过植树造林、节能减排等形式，抵消自身产生的二氧化碳排放量，实现二氧化碳“零排放”。参见《毛泽东思想和中国特色社会主义理论体系概论》，高等教育出版社，2021，第251页。

[11] 本报记者:《推动减污降碳协同增效、促进经济社会发展全面绿色转型》,《人民日报》2021年12月9日。

[12] 同上。

[13] 习近平:《把握时代潮流 缔造光明未来——在金砖国家工商论坛开幕式上的主旨演讲》,《人民日报》2022年6月23日。

[14] 新华社记者董峻等:《开创生态文明新局面——党的十八大以来以习近平同志为核心的党中央引领生态文明建设纪实》，新华网，http://www.xinhuanet.com/politics/2017-08/02/c_1121421208.htm?wm=3170_0004scriptsslxxoo48。

[15]《高举中国特色社会主义伟大旗帜 奋力谱写全面建设社会主义现代化国家崭新篇章》,《人民日报》2022年7月28日。

[16] 同上。

[17]《习近平谈治国理政》第3卷，外文出版社，2020，第41页。

[18] 同上书，第376页。

参考文献

《马克思恩格斯选集》第1~4卷，人民出版社，2012。

《马克思恩格斯文集》第1~10卷，人民出版社，2009。

《列宁选集》第1~4卷，人民出版社，2012。

《毛泽东文集》第1~8卷，人民出版社，2009。

《邓小平文选》第1~2卷，人民出版社，1994。

《邓小平文选》第3卷，人民出版社，1993。

《江泽民文选》第1~3卷，人民出版社，2006。

《胡锦涛文选》第1~3卷，人民出版社，2016。

习近平：《之江新语》，浙江人民出版社，2013。

《习近平谈治国理政》，外文出版社，2014。

《习近平谈治国理政》第2卷，外文出版社，2017。

《习近平谈治国理政》第3卷，外文出版社，2020。

《习近平谈治国理政》第4卷，外文出版社，2022。

《十七大以来重要文献选编》（上），中央文献出版社，2009。

《习近平关于实现中华民族伟大复兴的中国梦论述摘编》，中央文献出版社，2013。

复旦大学哲学系现代西方哲学研究室编译《西方学者论〈一八四四年经济学-哲学手稿〉》，复旦大学出版社，1983。

〔联邦德国〕A. 施密特：《马克思的自然概念》，欧力同、吴仲昉译，赵鑫珊校，商务印书馆，1988。

〔加〕本·阿格尔：《西方马克思主义概论》，慎之等译，中国人民大学出版社，1991。

〔德〕阿·科辛：《马克思列宁主义哲学词典》，郭官义等译，东方出版社，1991。

曲格平：《中国的环境与发展》，中国环境科学出版社，1992。

刘宗超：《生态文明观与中国可持续发展走向》，中国科学技术出版社，1997。

刘湘溶：《生态文明论》，湖南教育出版社，1999。

〔美〕詹姆斯·奥康纳：《自然的理由：生态学马克思主义研究》，唐正东、臧佩洪译，南京大学出版社，2003。

卢大振、钱俊生：《可持续发展与人类文明观的变革》，中共中央党校，2003。

〔美〕约翰·贝拉米·福斯特：《马克思的生态学：唯物主义与自然》，刘仁胜等译，高等教育出版社，2006。

〔奥〕西格蒙·弗洛伊德：《一种幻想的未来　文明及其不满》，严志军等译，上海人民出版社，2007。

〔美〕阿瑟·赫尔曼：《文明衰落论：西方文化悲观主义的形成与演变》，张爱平等译，上海人民出版社，2007。

李惠斌、薛晓源、王治河主编《生态文明与马克思主义》，中央编译出版社，2008。

陈学明：《生态文明论》，重庆出版社，2008。

〔德〕黑格尔：《美学》第1卷，朱光潜译，商务印书馆，2009。

〔美〕塞缪尔·亨廷顿：《文明的冲突与世界秩序的重建》（修订版），周琪等译，新华出版社，2009。

王雨辰：《生态批判与绿色乌托邦——生态学马克思主义理论研究》，人民出版社，2009。

钱易、唐孝炎：《环境保护与可持续发展（第二版）》，高等教育出版社，2010。

王雨辰：《走进生态文明》，湖北人民出版社，2011。

张敏：《论生态文明及其当代价值》，中国致公出版社，2011。

刘思华：《生态文明与绿色低碳经济发展总论》，中国财政经济出版社，2011。

卢风：《生态文明新论》，中国科学技术出版社，2013。

郇庆治、高兴武、仲亚东：《绿色发展与生态文明建设》，湖南人民出版社，2013。

贾卫列等：《生态文明建设概论》，中央编译出版社，2013。

李永峰等主编《可持续发展概论》，哈尔滨工业大学出版社，2013。

赵建军等：《绿色发展的动力机制研究》，北京科学技术出版社，2014。

贾治邦：《论生态文明》（第2版），中国林业出版社，2015。

王雨辰：《生态学马克思主义与生态文明研究》，人民出版社，2015。

刘宗超、贾卫列：《生态文明理念与模式》，化学工业出版社，2015。

陈金清：《生态文明理论与实践研究》，人民出版社，2016。

方世南：《马克思恩格斯的生态文明思想》，人民出版社，2017。

张云飞、李娜：《开创社会主义生态文明新时代》，中国人民大学出版社，2017。

王雨辰：《生态文明与文明的转型》，崇文书局，2020。

王传发、陈学明：《马克思主义生态理论概论》，人民出版社，2020。

《荀子》第2版，中华书局，2021。

本书编写组：《毛泽东思想和中国特色社会主义理论体系概论》，高等教育出版社，2021。

〔德〕I. 费切尔：《论人类生存的环境——兼论进步的辩证法》，孟庆时译，《哲学译丛》1982年第5期。

〔罗〕阿勒·唐纳赛：《文化与文明》，王沪宁译，《现代外国哲学社会科学文摘》1984年第3期。

谢光前：《社会主义生态文明初探》，《科学社会主义》1992年第2期。

〔俄〕凯费利：《文化与文明》，黄德兴译，《现代外国哲学社会科学文摘》1997年第8期。

傅先庆：《略论“生态文明”的理论内涵与实践方向》，《福建论坛》（经济社会版）1997年第12期。

刘俊伟：《马克思主义生态文明理论初探》，《中国特色社会主义研究》1998年第6期。

李世东、徐程插：《论生态文明》，《马克思主义研究》2003年第2期。

高德明：《可持续发展与生态文明》，《求是》2003年第18期。

徐春：《生态文明与价值观转向》，《自然辩证法研究》2004年第4期。

〔美〕小约翰·柯布：《文明与生态文明》，李义天译，《马克思主义与现实》2007年第6期。

卢风：《论生态文化与生态价值观》，《清华大学学报》（哲学社会科学版）2008年第1期。

方世南：《社会主义生态文明是对马克思主义文明系统理论的丰富和发展》，《马克思主义研究》2008年第4期。

王雨辰：《论作为境界论的生态文明理论和作为发展观的生态文明理论》，《道德与文明》2008年第4期。

姜春云：《跨入生态文明新时代——关于生态文明建设若干问题的探讨》，《求是》2008年第21期。

方世南：《西方建设性后现代主义的生态文明理念》，《上海师范大学学报》（哲学社会科学版）2009年第2期。

蔡冬梅：《我国传统文化中的生态思想及其当代价值》，《科学社会主义》2009年第5期。

邓坤金、李国兴：《简论马克思主义的生态文明观》，《哲学研究》2010年第5期。

季昆森：《建设生态文明　增强可持续发展的能力》，《江淮论坛》2011年第6期。

高凌云、吴东华：《毛泽东生态文明思想探析》，《人民论坛》2012年第5期。

赵建军：《人与自然的和解："绿色发展"的价值观审视》，《哲学研究》2012年第9期。

刘湘溶：《中国的生态文明建设：现实基础与时代目标》，《马克思主义与现实》2013 年第 4 期。

张春燕：《百年一叶》，《中国生态文明》2014 年第 1 期。

王灿发：《论生态文明建设法律保障体系的构建》，《中国法学》2014 年第 3 期。

方时姣：《论社会主义生态文明三个基本概念及其相互关系》，《马克思主义研究》2014 年第 7 期。

张云飞：《生态理性：生态文明建设的路径选择》，《中国特色社会主义研究》2015 年第 1 期。

刘湘溶：《生态文明建设：文化自觉与协同推进》，《哲学研究》2015 年第 3 期。

陈颖、韦震、王明初：《毛泽东生态文明思想及其当代意义》，《马克思主义研究》2015 年第 6 期。

黄承梁：《以“四个全面”为指引走向生态文明新时代——深入学习贯彻习近平总书记关于生态文明建设的重要论述》，《求是》2015 年第 16 期。

王雨辰：《生态学马克思主义与有机马克思主义的生态文明理论的异同》，《哲学动态》2016 年第 1 期。

王雨辰：《论西方绿色思潮的生态文明观》，《北京大学学报》（哲学社会科学版）2016 年第 4 期。

王雨辰：《习近平的生态文明思想及其重要意义》，《武汉大学学报》（人文社会科学版）2017 年第 4 期。

吴晓明：《“中国方案”开启全球治理的新文明类型》，《中国社会科学》2017 年第 10 期。

郇庆治：《生态文明及其建设理论的十大基础范畴》，《中国特色社会主义研究》2018 年第 4 期。

王风才：《生态文明：生态治理与绿色发展》，《华中科技大学学报》（社会科学版）2018年第4期。

任建兰、王亚平、程钰：《从生态环境保护到生态文明建设：四十年的回顾与展望》，《山东大学学报》（哲学社会科学版）2018年第6期。

张盾：《马克思与生态文明的政治哲学基础》，《中国社会科学》2018年第12期。

董亮：《习近平生态文明思想中的全球环境治理观》，《教学与研究》2018年第12期。

方世南：《习近平生态文明思想的永续发展观研究》，《马克思主义与现实》2019年第2期。

黄承梁：《中国共产党领导新中国70年生态文明建设历程》，《党的文献》2019年第5期。

王雨辰：《论构建中国生态文明理论话语体系的价值立场与基本原则》，《求是学刊》2019年第5期。

吴晓明：《马克思主义中国化与新文明类型的可能性》，《哲学研究》2019年第7期。

沈广明、钟明华：《习近平生态文明思想的政治经济学解读》，《马克思主义研究》2019年第8期。

张云飞：《70年来生态文明理念的嬗变》，《人民论坛》2019年第29期。

汪信砚：《生态文明建设的价值论审思》，《武汉大学学报》（哲学社会科学版）2020年第3期。

郇庆治：《习近平生态文明思想视域下的生态文明史观》，《马克思主义与现实》2020年第3期。

张云飞：《社会主义生态文明的人民性价值取向》，《马克思主义与现实》2020年第3期。

杨晶：《赢得国际话语权：中国生态文明建设的全球视野与现实策略》，《马克思主义与现实》2020年第3期。

马洪波：《生态文明建设与社会价值观念变革》，《中共中央党校（国家行政学院）学报》2020年第6期。

王雨辰：《论生态文明的本质与价值归宿》，《东岳论丛》2020年第8期。

汪信砚：《新冠疫情背景下生态文明建设若干问题再思考——对王凤才、张云飞、王雨辰教授等人文章的回应》，《东岳论丛》2020年第8期。

王凤才：《生态文明：人类文明4.0，而非"工业文明的生态化"——兼评汪信砚〈生态文明建设的价值论审思〉》，《东岳论丛》2020年第8期。

韩震：《习近平生态文明思想的哲学研究——兼论构建新形态的"天人合一"生态文明观》，《哲学研究》2021年第4期。

卢风：《农业文明、工业文明与生态文明——兼论生态哲学的核心思想》，《理论探讨》2021年第6期。

〔美〕小约翰·柯布、王俊锋：《生态文明与第二次启蒙》，《山东社会科学》2021年第12期。

杨宁：《社会主义生态文明的认知、愿景与实现》，《马克思主义研究》2021年第12期。

王治河、樊美筠：《人类文明新形态与生态文明——世界著名后现代思想家小约翰·柯布访谈录》，《世界哲学》2022年第1期。

丰子义：《人类文明形态的变革与创新》，《国家现代化建设研究》2022 年第 2 期。

丰子义：《中国式现代化道路的文明价值》，《前线》2022 年第 3 期。

James O' Connor, *Natural Causes*, The Guildford Press, 1998.

Paul Burkett, *Marx and Nature*, St. Martin's Press, 1999.

John Bellamy Foster, " Marxs Ecology," in *Monthly Review Press*, 2000.

Joel Kovel, *The Enemy of Nature*, Zed Books Ltd. , 2002.

后　记

2021年近年底的时候，接到中国社会科学院哲学研究所马克思主义哲学史研究室副主任杨洪源的电话，说社会科学文献出版社政法传媒分社总编辑曹义恒和天津大学马克思主义学院院长颜晓峰正计划出一套“人类文明新形态研究丛书”，需要有相关领域研究专家来承担丛书分册的撰写工作，问我有没有兴趣加入并负责一分册的撰写工作，当时没怎么多想就答应了。后经社会科学文献出版社领导以及丛书项目组的商议，由我负责生态文明这一分册的撰写工作。在经过与颜院长的沟通与讨论之后，由我负责撰写的生态文明一册书名定为《人与自然和谐共生的生态文明》。之所以选定为这个题目，最为主要的原因就是人与自然和谐共生是生态文明最为核心的理念，是生态文明所要实现的最为重要的目标，也是生态文明不同于物质文明、政治文明、精神文明、社会文明的显著特征与本质属性。书名虽为《人与自然和谐共生的生态文明》，但这个生态文明具体指向社会主义生态文明这个人类生态文明的最新发展形态。

10余年来，马克思主义文明观一直是我最为重要的研究方向与研究领域，在这一研究领域我发表了一系列研究论文，其中包括多篇研究生态文明的文章，也出版了《马克思主义文明观研究》一书。

虽然马克思主义文明观是我研究的重点，但我研究的聚焦点与侧重点并不在生态文明上。当然在生态文明研究上，我是有自己比较独特的研究视角的，我主要是从经济文明的维度去考察与分析生态文明，并把生态文明视为经济文明的新发展与新形态。这与当前国内外研究生态文明的思想与观点有着很大的不同，这也应该也算得上是马克思主义生态文明研究的一种新视角与新观点吧。经济文明是 10 多年前我引入马克思恩格斯文明观研究中的一个重要范畴，当时是为了对文明的内容形式做一个科学的分类（物质文明与精神文明、经济文明与政治文明之划分）而引入这一范畴的。后来逐渐意识到需要在这一领域做更进一步的研究。这些年来，经济文明这个概念在我坚持不懈地力推下也得到了学术界的关注。关于马克思主义经济文明观理论体系的构建工作，我也在紧锣密鼓地进行中，期盼有一天能以专著的形式问世。

不得不说，撰写生态文明这一分册对我来说也是很大的挑战。在写作过程中，所面临的挑战主要有两个。其一，在生态文明研究领域，不仅研究者多，研究成果也非常丰富。因此，要写出新意，要写出自己的思路特色，并不是一件容易的事情。为了在研究思路与结构框架上与已有的著作有所区分，我也是费了不少心思。其二，就是写作周期短。从 2021 年底接到写作任务，到 2022 年初写作思路与框架的最终敲定，再到 2022 年 7 月初需交定稿，前前后后也只有七八个月的时间。当然，有挑战，就会有动力，有挑战，也会让思维变得活跃并产生思想的亮点。令人欣慰的是，著作最终在双重挑战中完成。另外，也寄希望在研究中出现的思想亮点能给人们以启发。

最后，我需借此后记来表达深切感谢。首先，深切感谢社会科学文献出版社社长王利民、社会科学文献出版社总编辑杨群、天津大学马克思主义学院院长颜晓峰、社会科学文献出版社政法传媒分社总编辑曹义恒、社会科学文献出版社政法传媒分社编辑岳梦夏、中国社会科学院哲学研究所副研究员杨洪源等对我的信任以及在写作过程、编辑出版过程中所给予的帮助！其次，深切感谢北京大学丰子义教授、中国人民大学陶文昭教授、中国人民大学侯衍社教授、北京航空航天大学赵义良教授等在写作过程中提出的修改建议与宝贵意见。再次，要对我的家人特别是我的爱人表达深切感谢，感谢你们在著作的撰写过程中给予的理解、支持与鼓励！最后，还要对我指导过的两个学生——华中师范大学马克思主义学院博士生姚梦雪、浙江大学马克思主义学院博士生张旭表示感谢，感谢两位博士生在资料收集过程中所提供的帮助！

戴圣鹏

2022 年 7 月于武汉

出版后记

习近平总书记在庆祝中国共产党成立100周年大会上的重要讲话中指出："我们坚持和发展中国特色社会主义，推动物质文明、政治文明、精神文明、社会文明、生态文明协调发展，创造了中国式现代化新道路，创造了人类文明新形态。"随后，在党的十九届六中全会和中国文联十一大、中国作协十大开幕式等重要场合的讲话中，习近平总书记多次强调了创造人类文明新形态对中国及世界的重要作用。

为迎接党的二十大隆重召开，从历史高度、思想深度和实践广度上加快推进人类文明新形态研究，经与天津大学马克思主义学院院长颜晓峰教授商议，我社于2021年11月中旬开始筹划出版"人类文明新形态研究丛书"。2021年12月7日我社召开了丛书策划研讨会，针对研创背景、写作思路、框架设计、研创团队、写作进度等方面进行了讨论和安排。2021年12月29日我社召开了丛书创作研讨会，与颜晓峰教授一起遴选了写作团队。2022年1月24日召开项目启动会以后，各位作者正式开始研究和写作。为更好地促进丛书研讨和写作，我社分别于2022年4月22日、6月17日举行了项目中期统稿研讨会和定稿研讨会，主要讨论并解决书稿写作进度、遇到的难题，并对书稿定位、文风、体例等进一步加以明晰和规范。这两次会议特别邀请了原中共中央党史研究室科研管理部主任黄如军、清华大学马克思主义学院特聘教授郭建宁、中国人民大学马克思主义学院教授侯衍社、北京大学哲学系博雅讲席教授丰子义、中国人民大学马克思主义学院副院长陶文昭、北京航空航天大学马克思主义学院院长赵义良共六位专家莅临现场，以评审和指导的形式为丛书研究和写作提出宝贵意见。

丛书由颜晓峰、杨群主编，颜晓峰教授牵头撰写总卷，分卷主创有中共中央党校（国家行政学院）经济学部韩保江教授、武汉大学马克思主义学院项久雨教授、东北大学马克思主义学院任鹏教授等，创作团队成员有 40 余人，作者单位涵盖中国社会科学院、中共中央党校（国家行政学院）、北京大学、武汉大学、天津大学等国内一流科研机构和高等院校，作者均为国内马克思主义理论学科领域的知名专家学者以及近年成长起来的青年才俊，学术水平高、研究实力强。

“人类文明新形态研究丛书”是我社精心策划，为即将隆重召开的党的二十大献礼的重要图书，也被列入中国社会科学院 2022 年重点出版项目、中宣部“2022 年主题出版重点出版物”。中国社会科学院党组及相关部门高度重视丛书的出版，给予了多方面的指导。中国社会科学院秘书长、党组成员赵奇同志担任丛书编委会主任，在百忙中仔细审定了全部书稿，提出修改意见，并拨冗为丛书作序。

在整个丛书出版过程中，我社高度重视，从开始筹划，到各次研讨会及编辑出版，我和总编辑杨群同志全程参与了会议讨论、内容审核、编校指导等各个环节。杨群同志和副总编辑蔡继辉、童根兴一起，认真细致地完成了三审工作，确保了丛书的政治导向和学术质量；总编辑助理姚冬梅、政法传媒分社总编辑曹义恒以及重点项目办公室在项目策划、申报中宣部“2022年主题出版重点出版物”及具体的编校出版过程中全力做好组织和统筹等相关工作；编审室、出版部、设计中心等部门也给予了大力支持；政法传媒分社社长王绯多次参加研讨会建言献策，各位编辑组成员也全力以赴做好书稿编辑出版工作。

在丛书付印之际，我谨代表社会科学文献出版社，向各位领导、专家、同事致以诚挚的感谢。今后，我们将继续努力，策划出版更多彰显社会效益的精品力作，为繁荣发展中国特色哲学社会科学做出自己应有的贡献。

社会科学文献出版社社长　王利民

2022年9月28日

图书在版编目（CIP）数据

人与自然和谐共生的生态文明 / 戴圣鹏著. --北京：社会科学文献出版社，2022.9

（人类文明新形态研究丛书 / 颜晓峰，杨群主编）

ISBN 978-7-5228-0370-8

Ⅰ.①人… Ⅱ.①戴… Ⅲ.①生态文明-研究-中国 Ⅳ.①X321.2

中国版本图书馆 CIP 数据核字（2022）第 177645 号

人类文明新形态研究丛书

人与自然和谐共生的生态文明

著　　者 / 戴圣鹏

出 版 人 / 王利民
组稿编辑 / 曹义恒
责任编辑 / 岳梦夏
责任印制 / 王京美

出　　版 / 社会科学文献出版社
地址：北京市北三环中路甲 29 号院华龙大厦　邮编：100029
网址：www.ssap.com.cn
发　　行 / 社会科学文献出版社（010）59367028
印　　装 / 三河市东方印刷有限公司

规　　格 / 开　本：787mm×1092mm　1/16
印　张：17.75　字　数：219 千字
版　　次 / 2022 年 9 月第 1 版　2022 年 9 月第 1 次印刷
书　　号 / ISBN 978-7-5228-0370-8
定　　价 / 69.00 元

读者服务电话：4008918866